Alejandra Medina

Financiamiento Climático en el Ecuador

Alejandra Medina

Financiamiento Climático en el Ecuador

bajo la Convención Marco de las Naciones Unidas

Editorial Académica Española

Imprint
Any brand names and product names mentioned in this book are subject to trademark, brand or patent protection and are trademarks or registered trademarks of their respective holders. The use of brand names, product names, common names, trade names, product descriptions etc. even without a particular marking in this work is in no way to be construed to mean that such names may be regarded as unrestricted in respect of trademark and brand protection legislation and could thus be used by anyone.

Cover image: www.ingimage.com

Publisher:
Editorial Académica Española
is a trademark of
Dodo Books Indian Ocean Ltd. and OmniScriptum S.R.L publishing group

120 High Road, East Finchley, London, N2 9ED, United Kingdom
Str. Armeneasca 28/1, office 1, Chisinau MD-2012, Republic of Moldova, Europe
Printed at: see last page
ISBN: 978-620-2-14273-1

FINANCIAMIENTO CLIMÁTICO BAJO LA CONVENCIÓN MARCO DE LAS NACIONES UNIDAS EN EL ECUADOR

Resumen

El cambio climático como problema global requiere una respuesta urgente global. No respeta fronteras y evidencia problemas sociales, económicos, culturales y políticos. Además, amplía las brechas de desigualdad, conflictos e inestabilidad entre los países. El financiamiento climático es la piedra angular para la materialización de los acuerdos, compromisos y el cumplimiento de las metas climáticas. La presente investigación analiza el financiamiento climático de REDD+ Ecuador bajo la CMNUCC, dirigido a PROAmazonía. Para evaluar el impacto del financiamiento climático se realizó un análisis de la inversión climática para determinar la eficacia, eficiencia y equidad (3E+) de las actividades realizadas con estos fondos, a través de las variables: tasa de la deforestación, participación de *stakeholders* y tenencia de la tierra. Una vez concluida las actividades de PROAmazonía en el periodo 2017-2023, los resultados demuestran un incremento en la tasa de deforestación que es considerada como una de las más altas de Latinoamérica, provocada por actividades extractivistas. La participación de los pueblos y comunidades indígenas como los gestores de la conservación y protección de los bosques ha sido subestimada. La seguridad en la tenencia de la tierra ha sido un proceso lento y se ve amenazada por al expansión de la industria extractiva. La investigación concluye que el resultado de la aplicación del financiamiento climático no ha logrado los resultados esperados, ha sido poco eficaz, ineficiente e inequitativo.

Palabras clave: cambio climático, deforestación, eficacia, eficiencia, equidad

Abstract

Climate change as a global problem requires an urgent global response. It does not respect borders and evidences social, economic, cultural and political problems, widening inequality gaps, conflicts and instability between countries. Climate finance is the cornerstone for the materialization of agreements, commitments and the fulfillment of climate goals. The research analyzes climate finance for REDD+ Ecuador under the UNFCCC, directed to PROAmazonia. To evaluate the impact of climate finance, a climate investment analysis was conducted to determine the effectiveness, efficiency and equity (3E+) of the activities carried out with these funds, through the variables: deforestation rate, stakeholders participation and land tenure. After the conclusion of PROAmazonia activities in the period 2017-2023, the results show an increase in the rate of deforestation, which is considered one of the highest in Latin America, caused by extractive activities of oil, mining, timber, intensive agriculture, livestock. The participation of indigenous peoples and communities as the managers of forest conservation and protection has been underestimated. Land tenure security has been a slow process and is threatened by the expansion of the extractive industry. The research concludes that the outcome of the implementation of climate finance has not been successful.

Key words: climate change, deforestation, effectiveness, efficiency, equity

TABLA DE CONTENIDOS

GLOSARIO

AP	Acuerdo de París
ATPA	Agenda de Transformación Productiva de la Amazonía
BM	Banco Mundial
CO2	Dióxido de carbono
COA	Código Orgánico del Ambiente
COP	Conferencia de las Partes
CONFENIAE	Confederación de Nacionalidades Indígenas de la Amazonia Ecuatoriana
CMNUCC	Convención Marco de las Naciones Unidas sobre el Cambio Climático
CNBT	Coalición de Naciones con Bosques Tropicales
CPF	Comité Permanente de Financiamiento
ENCC	Estrategia Nacional de Cambio Climático
ENF	Evaluación Nacional Forestal
ETN	Estrategia Territorial Nacional
FAO	Organización de las Naciones Unidas para la Agricultura y la Alimentación
FCPF	Fondo Cooperativo para el Carbono de los Bosques
GCF	Fondo Verde para el Clima
GEF	Fondo para el Medio Ambiente Mundial
GEI	Gases de Efecto Invernadero
Gt.	Gigatoneladas
ha.	Hectárea
LDCF	Fondo para los Países Menos Adelantados
MAATE	Ministerio de Ambiente, Agua y Transición Ecológica
MAG	Ministerio de Agricultura y Ganaderías
MdT	Mesa de Trabajo REDD+
Mha.	Millones de hectáreas
MtCO2eq	Millones de toneladas de dióxido de carbono equivalente
NDC	Contribuciones Nacionales Determinadas
NREF	Niveles de Referencia de Emisiones Forestales
ODS	Objetivos de Desarrollos Sostenible
ONG	Organismos No Gubernamentales
ONU	Organización de las Naciones Unidas
OI	Organismos Internacionales
PA REDD+	Plan de Acción REDD+
PNUD	Programa de las Naciones Unidas para el Desarrollo
PPN	Principio de Propiedad Nacional
PPR	Pago por Resultados
PRCD	Principio de Responsabilidades Comunes pero Diferenciadas

PROAmazonía	Programa Integral Amazónico de Conservación de Bosques y Producción Sostenible
PSA	Pagos por Servicios Ambientales o Ecosistémicos
PSB	Programa Socio Bosque
RCOA	Reglamento del Código Orgánico Ambiental
RED	Reducción de Emisiones por Deforestación
REDD	Reducción de Emisiones derivadas de la Deforestación y la Degradación de los bosques
REDD+	Reducción de las Emisiones debidas a la Deforestación y la Degradación Forestal, incluye la conservación, el manejo sostenible y el mejoramiento de las reservas de carbono de los bosques
REE	Reducciones y Eliminaciones de Emisiones
REM	Programa REDD Early Movers
SCCF	Fondo Especial para el Cambio Climático
SIS	Sistema de Información de Salvaguardas
SMRV	Sistema de Monitoreo, Reporte y Verificación
SSA	Salvaguardas Sociales y Ambientales
3E+	Efectividad, eficiencia y equidad

INTRODUCCIÓN

Los efectos devastadores del cambio climático se evidencian en el aumento de la temperatura promedio de la atmósfera y de los océanos, en las alteraciones en el ciclo global del agua, en la presencia cada vez más frecuente de fenómenos meteorológicos extremos, en la reducción de los volúmenes de nieve y hielo en los glaciares y cumbres montañosas, en el incremento del nivel del mar, entre otros. La Convención Marco de las Naciones Unidas sobre el Cambio Climático (CMNUCC) establece una diferencia entre cambio climático atribuible a las actividades humanas que alteran la composición atmosférica y a causas naturales que provocan variabilidad climática (IPCC 2014), los dos casos provocan "variabilidad", uno de origen natural y otro antrópica. Es altamente probable que la actividad humana sea la causa dominante del calentamiento del planeta.

Las concentraciones de los gases de efecto invernadero (GEI)[1] se incrementan rápidamente alcanzando concentraciones récords. Por ejemplo, el dióxido de carbono (CO_2) ha superado las 400 partes por millón (ppm) en comparación a las 280 ppm de la era preindustrial (Berruezo y Díaz 2017). En el incremento de los GEI se reconocen factores de tipo social, económico y tecnológico como el crecimiento poblacional, el aumento de la demanda per cápita de energía y recursos, el uso de tecnologías inadecuadas, entre otros. Se estima que para el año 2030 se necesitará un 50 % más de alimentos, un 45 % más de energía y un 30 %

---

[1] Los gases de efecto invernadero (GEI) son gases que atrapan el calor en la atmósfera y su efecto en el cambio climático depende de la cantidad de gases, el tiempo que permanecen en la atmósfera y cómo afectan a la temperatura global (Romano, et al. 2018). El CO_2 es el principal GEI emitido por las actividades antropogénicas y constituye alrededor del 65 % de las emisiones globales de GEI (IPCC 2014) a su vez, las tres cuartas partes de las emisiones antropogénicas de GEI provienen de los países industrializados (IEA 2016)

más de agua (Molina, Carabias y Sarukhán 2017).

El planeta cuenta con una gran diversidad de ecosistemas terrestres y marinos que son el resultado de miles de años de interacción y evolución de factores climáticos y bióticos, y tienen un papel importante en la regulación del clima. Los ecosistemas pueden ser afectados por causas naturales como huracanes, erupciones volcánicas y especialmente por causas antropogénicas como la deforestación, incendios, agricultura intensiva, industria, infraestructura, transporte, actividades extractivas, entre otras (Berruezo y Díaz 2017).

En los bosques del mundo viven aproximadamente 300 millones de personas, 1.600 millones dependen directamente de estos ecosistemas, esta estimación sugiere que cerca de una tercera parte tiene una estrecha relación y dependencia de los bosques y de los productos forestales y 7.800 millones de habitantes los necesitan para vivir, es decir, toda la humanidad. Entre el 17 % y el 20 % de las emisiones anuales globales de CO_2 provienen de la deforestación y degradación de los bosques (FAO 2020).

Los ecosistemas forestales participan en la lucha contra el cambio climático mediante la absorción de carbono, a través del proceso de la fotosíntesis que se almacena en el tronco, ramas, raíces y suelo. En los bosques boreales del extremo norte y las pluviselvas tropicales se alberga una enorme biodiversidad, con más de 60.000 especies arbóreas diferentes que ofrecen hábitats para el 80 % de especies de anfibios, el 75 % de las especies de aves, el 68 % de mamíferos y un 60 % de las plantas vasculares (FAO 2020). La conservación de un gran porcentaje de la biodiversidad depende del cuidado y buen uso de los bosques. Con esta premisa, es necesario un enfoque global de la protección y conservación de los bosques entre los gobiernos de las diferentes naciones del mundo, las organizaciones internacionales y la sociedad civil.

El cambio del uso de la tierra, la deforestación y degradación de los bosques constituyen un problema a nivel mundial y son las principales fuentes de emisión de carbono. Los cambios de la cubierta vegetal en los ecosistemas boscosos han provocado incrementos de la temperatura de 0,23°C en el periodo 2000-2015. Un área sin cobertura vegetal absorbe mayor radiación y aumento de la temperatura, por lo tanto, existe una estrecha relación entre la deforestación y el calentamiento de la tierra. A este incremento se suma el calentamiento provocado por el CO_2 lo que produce un doble impacto: primero el local, sobre el área deforestada y sus repercusiones sobre los ecosistemas, y segundo el global, sumando más calor al cambio climático (Duveiller, Hooker y Cescatti 2018).

En las zonas más altas como las regiones boreales, la pérdida de árboles provoca rápidamente la elevación del albedo de la superficie. En tanto que en las zonas tropicales con especies arbóreas permanentes y de hoja ancha, la deforestación por la agricultura y/o la ganadería aumenta el albedo de la superficie, pero elimina la regulación térmica que producen los bosques. Sustituir las selvas tropicales permanentes y de hoja ancha por otro tipo de vegetación desencadena un incremento de la temperatura, cambiar a otro tipo de cobertura vegetal no se compensa con sembrar árboles en un área equivalente en otras latitudes. Por consiguiente, si todo proceso de deforestación es negativo, las selvas tropicales requieren mayor atención y esfuerzo para conservarlas (Duveiller, Hooker y Cescatti 2018).

Por este motivo, la CMNUCC creó el mecanismo de Reducción de las Emisiones debidas a la Deforestación y la Degradación Forestal, que incluye la conservación, el manejo sostenible y el mejoramiento de las reservas de carbono de los bosques (REDD+). El mecanismo busca desacelerar, frenar, revertir la pérdida de los bosques, garantizar la conservación de la biodiversidad y el bienestar de las comunidades que viven en ellos (PNUMA 2018b).

La necesidad de una solución a la deforestación y degradación forestal ha motivado una discusión internacional sobre el financiamiento climático, aun cuando hasta la actualidad no se ha llegado a una definición y a un acuerdo consensuado sobre el tema. Los recursos financieros no solo son necesarios para contribuir al desarrollo sostenible de los países en desarrollo sino también para adaptar los efectos adversos y disminuir los impactos climáticos. En este contexto, el financiamiento para Latinoamérica en el periodo 2003-2020 se ha concentrado principalmente en dos países: Brasil (USD 1.179 millones) y México (USD 555 millones), que han recibido conjuntamente el 35 % del total de USD 5.000 millones del financiamiento climático para la región. Las actividades de mitigación como la protección de bosques y la reforestación son las que más fondos han recibido en comparación con las actividades de adaptación, con USD 3.400 millones y USD 670 millones respectivamente. En el año 2020, el Fondo Verde para el Clima (GCF, por sus siglas en inglés) fue el mayor proveedor de financiamiento climático para la región con USD 1.906 millones (Watson, Schalatek y Evéquoz, 2022) y destinó USD 458 millones para Pago por Resultados (PPR)[2] de REDD+ (Watson y Schalatek 2021). El PPR son fondos financieros que REDD+ destina a los resultados de las actividades climáticas y son objeto de medición, notificación y verificación de los GEI a nivel nacional (PNUMA 2018b).

---

[2] El Pago por resultados son acciones de REDD+ basadas en los resultados y son objeto de medición, notificación y verificación de los GEI a nivel nacional (PNUMA 2018b).

Ecuador es un país de bajo ingreso per cápita, marcado por una alta desigualdad del ingreso[3] estimada en un 49,3 % (Banco Mundial 2021a), eufemísticamente denominado en desarrollo, vulnerable a los efectos adversos del cambio climático. Cuenta con un marco normativo que considera respuestas de mitigación y adaptación a nivel nacional a través de la Estrategia Nacional de Cambio Climático 2012-2015 (ENCC) que es un instrumento de política pública que orienta las acciones a nivel nacional y sectorial, el Código Orgánico del Ambiente (COA) y su Reglamento (RCOA) que abordan el cambio climático y su financiamiento.

Ecuador se ha comprometido a promover sistemas de producción sostenible e incentivar la restauración de áreas deforestadas y degradadas con el propósito de conservar los bosques mediante el acceso al financiamiento internacional y con la participación de diversos actores del sector público, privado, nacionalidades indígenas y organismos no gubernamentales (ONG). En la actualidad, la principal entidad gestora del financiamiento del cambio climático es el Ministerio del Ambiente, Agua y Transición Ecológica (MAATE)[4] como receptor de los recursos financieros y ejecutor de la mayoría de los proyectos.

El país se ha propuesto priorizar la reducción de la tasa de deforestación a través de una serie de políticas nacionales. El MAATE en el año 2008, lanzó el Programa Socio Bosque (PSB) como un programa de conservación de los bosques nativos y páramos que promueve la reducción de los GEI a

[3] La curva de Lorenz y el coeficiente de Gini son herramientas que se utilizan en el campo de la economía para medir la desigualdad de los ingresos de una población o sociedad (González 2020).

[4] En marzo del año 2020, mediante Decreto Ejecutivo Nro.1007, el ex-Presidente Lenín Moreno ordenó la fusión del Ministerio del Ambiente (MAE) y la Secretaría del Agua (Senagua) creando el Ministerio de Ambiente y Agua (MAAE) y en junio del año 2021, mediante Decreto Ejecutivo Nro. 59, el ex- Presidente Guillermo Lasso redenomina a esta cartera de Estado como Ministerio del Ambiente, Agua y Transición Ecológica (MAATE).

cambio de un incentivo financiero. El PSB favoreció al Ecuador por ser uno de los países de Latinoamérica en recibir PPR a través de REDD+ (Nepstad, et al. 2019).

En este marco, evaluar el financiamiento climático a través de REDD+ exige analizar los recursos económicos recibidos hasta el año 2023 que asciende a USD 145.8 millones y que han sido destinados para reducir la deforestación y degradación de los bosques. Estos recursos provienen de los fondos del GCF, Fondo para el Medio Ambiente Mundial (GEF, por sus siglas en inglés) y del cofinanciamiento[5] reportado entre el MAATE, Ministerio de Agricultura y Ganadería (MAG)[6], Programa de las Naciones Unidas (PNUD) y Organización de las Naciones Unidas para la Agricultura y la Alimentación (FAO).

El propósito de la investigación no es una evaluación sobre los cambios en las emisiones de carbono un análisis de la eficacia, eficiencia y equidad (3E+) de los fondos financieros REDD+ dirigido al Programa Integral Amazónico de Conservación de Bosques y Producción Sostenible (PROAmazonía) mediante las variables: tasa de deforestación, participación de *stakeholders*[7] y tenencia de la tierra.

---

[5] "El cofinanciamiento es una práctica en la que múltiples entidades financian el mismo proyecto. El cofinanciamiento puede ser proporcionado por el desarrollador del proyecto o por entidades externas. Un plan de cofinanciamiento sólido (ya sea en especie o en efectivo) es una prueba del amplio interés en el proyecto por parte de una diversidad de actores relevantes y, por lo tanto, es una característica importante del diseño de un proyecto" (ICLEI 2020). También se define como un "préstamo otorgado a los países en desarrollo por los bancos comerciales y otras instituciones crediticias, en asociación con el Banco Mundial y otros bancos multilaterales de desarrollo" (CEPAL 1989).

[6] En marzo del año 2017, mediante Decreto Ejecutivo Nro. 207, el expresidente Lenín Moreno modifica la denominación del Ministerio de Agricultura, Ganadería Acuacultura y Pesca (MAGAP) por Ministerio de Agricultura y Ganadería (MAG).

[7] Se usa el término en inglés porque no existe una traducción satisfactoria en castellano.

MARCO CONCEPTUAL

Las emisiones de los GEI por deforestación y degradación de los bosques representa aproximadamente el 20 % respecto al total de las emisiones anuales globales de CO_2 (FAO 2020) por esta razón, en los últimos años, los bosques han sido objeto de atención en los debates climáticos internacionales. Como una iniciativa de colaboración de la Organización de las Naciones Unidas (ONU) ante la continua desaparición a ritmo preocupante de los bosques tropicales surge el mecanismo de Reducción de Emisiones derivadas de la Deforestación y la Degradación de los bosques (REDD) para incentivar a los países en desarrollo a proteger, administrar y utilizar mejor los recursos forestales en la lucha contra el cambio climático. La idea principal fue conservar los bosques en pie por su capacidad de secuestro del carbono, se le asigna un valor financiero y así se evita la tala. Esta acción permitió cuantificar el carbono, etapa final de REDD que incluía el pago de compensaciones por sus bosques en pie por parte de los países desarrollados a los países en desarrollo (Rudel, et al. 2005). Es decir, se cuantifican las reducciones del carbono y se procede al pago de compensaciones por parte de los países desarrollados a los países en desarrollo.

Bajo este esquema, las discusiones de REDD se centraron en la creación de un mecanismo de pagos por servicios ambientales (PSA)[8] a los países en desarrollo, a nivel nacional e internacional. A nivel internacional los compradores del servicio realizan un pago (mercado voluntario) a los proveedores de servicios (gobiernos, entidades nacionales) por la reducción

[8] Los pagos por servicios ambientales tienen ciertas ventajas como la creación de incentivos para que los dueños y usuarios de los bosques los manejen mejor y talen menos árboles. Los mecanismos de PSA compensan a los titulares de los derechos de los sumideros de carbono (bosques) comprometidos con la conservación forestal como una alternativa lucrativa (Angelsen, Kanninen, et al. 2010).

de las emisiones de los GEI como consecuencia de reducir y evitar la deforestación y degradación forestal. A nivel nacional, los gobiernos u otros actores (compradores de servicios) pagan a los gobiernos subnacionales o a los propietarios de tierras locales por la reducción de los GEI (Angelsen y Wertz- Kanounnikoff 2009).

A pesar de que se han implementado varias formas para realizar los PSA, se han presentado dificultades en su aplicación, por ello ha sido necesario crear estructuras institucionales y de gobernanza forestal para administrar los pagos y la información con el objetivo de vincular los sistemas de PSA locales con los sistemas de REDD globales y nacionales. Uno de los desafíos de REDD fue que los pagos que se realizan a través de los diversos sistemas logren ser eficaces, eficientes y equitativos (Angelsen y Wertz- Kanounnikoff 2009).

Por razones políticas y técnicas se amplió el concepto de REDD a REDD+. El mecanismo REDD+ nace como una herramienta innovadora, barata, fácil y de rápida implementación, con una visión más amplia, no solo para reducir las emisiones de los GEI sino para generar un mayor flujo financiero destinado a reducir la pobreza y conservar la biodiversidad. Este postulado ha sido objeto de mucha controversia, en un principio giró en torno a la arquitectura global de REDD+ y cómo incluirlo en un arreglo climático post-2012, posteriormente el debate se enfocó en acciones nacionales y locales.

1. Criterios 3E+

Según el informe Stern (2006) sobre la Economía del Cambio Climático, disminuir las emisiones de los GEI mediante la reducción de la deforestación tendría un costo promedio de entre uno y dos dólares por tonelada de CO_2, estimación aparentemente barata en comparación con otras opciones de mitigación. El informe de Stern introduce por primera vez los conceptos de eficacia, eficiencia y equidad conocidos como los criterios 3E. Este enfoque amplió la perspectiva hacia un mecanismo que genere incentivos suficientes para frenar la deforestación y consecuentemente reducir las emisiones globales de los GEI.

El objetivo del informe fue diseñar políticas y proyectos viables para lograr efectividad climática, eficiencia de costos y resultados en términos de equidad (3E), al adicionarse el símbolo "+" a los tres criterios, se hizo referencia a los cobeneficios en la biodiversidad: reducción de la pobreza, generación de medios de vida sostenibles, gobernanza, derechos y participación comunitarios, tenencia y mejoramiento de los servicios ecosistémicos no relacionados con el carbono. Estos criterios, conocidos como los 3E+ (Angelsen, Brockhaus, et al. 2013), ayudan a evaluar los esquemas de reducción de los GEI al menor costo posible y contribuir al desarrollo sostenible, ya que lo ideal es que un proyecto REDD+ cumpla con los 3E+ (Angelsen y Agrawal 2009).

En este contexto, un efectivo diseño e implementación de REDD+ requiere un conjunto de políticas que incluyan reformas institucionales en la gobernanza forestal, tenencia, descentralización y el manejo forestal comunitario. Pese a los esfuerzos realizados, aún no se ha logrado impedir que la deforestación avance porque no se abordan las principales causas de la deforestación y los problemas de la tendencia de la tierra al considerar al sector forestal de manera aislada. La formulación de políticas debe estar orientada a reducir la renta agrícola en áreas forestales, incrementar el valor de los bosques en pie y ayudar a los usuarios forestales a capturar ese valor, regular directamente el uso y la tenencia de la tierra; estas políticas deben coadyuvar entre sí para lograr los resultados de REDD+ en los términos de los 3E+ (Sunderlin, Larson y Cronkleton 2010).

1.1. Eficacia

La eficacia hace referencia a la cantidad de emisiones reducidas de GEI como resultado de las actividades del mecanismo REDD+. Depende de varios factores como la viabilidad política, la gobernanza y el compromiso de los países para implementar el mecanismo. También de otras consideraciones como el control o evasión de fugas, corrupción, permanencia, responsabilidad y el alcance de las principales causas de la deforestación y degradación (Angelsen, Kanninen, et al. 2010).

Se enfoca en la capacidad para lograr los objetivos planificados, independientemente de los recursos asignados y ayuda al análisis de la sostenibilidad de las acciones del mecanismo y los efectos, incluyendo los que se han dado en las zonas vecinas (Nepstad, et al. 2019). REDD+ como mecanismo de PPR se considera eficaz cuando existe ayuda económica a pesar del escepticismo, contradicciones y condicionalidad de la ayuda (Paul 2015, Angelsen 2017a). Para esto se requiere que los países reporten sus resultados sobre la reducción de emisiones de los GEI mediante el Sistema de Monitoreo, Reporte y Verificación (SMRV)[9], información cuantificable y verificable para evitar la fuga de datos. El éxito de REDD+ depende de una sólida estructura institucional mediante leyes, políticas y estrategias en materia de ambiente, cambio climático y desarrollo sostenible (Kambire et al. 2016).

Las negociaciones ambientales de REDD+ se han enfocado en la reducción de la deforestación en las pluviselvas tropicales, esto podría ser más eficaz

[9] El Sistema de Monitoreo, Reporte y Verificación permite una vez establecida la línea base con los Niveles de Referencia monitorear las emisiones de los GEI y establecer la contabilidad de carbono reducido a través de la implementación de REDD+ (PNUMA 2018b).

si existiera una ordenación forestal[10] de tipo comunitario "para hacer frente a las emisiones que resultan de la degradación de los bosques que a las que provienen de la deforestación, y que la eficacia de la ordenación forestal comunitaria podría ser máxima en los bosques tropicales secos" (Matta y Meins 2012).

1.2. Eficiencia

La eficiencia se enfoca a las reducciones de emisiones de GEI al menor costo y tiempo posible. Dentro de REDD+ se consideran varios costos: costo de desarrollo de capacidades (diseño del esquema, infraestructura técnica, capacitación); costos de funcionamiento (supervisión, aplicación de la política forestal y de la tenencia de la tierra); costos de implementación asumidos por los propietarios de la tierra, administradores y usuarios de los bosques. "Todos estos, excepto los de compensación y renta, son costos de transacción" (Angelsen, Kanninen, et al. 2010).

Por otro lado, la gobernanza ambiental y el desempeño de las políticas nacionales sobre la deforestación y degradación forestal son relevantes. Los países para maximizar su potencial económico desarrollan políticas para promover los sectores estratégicos como el agrícola, minero, energético y especialmente de bienes exportables, aplican sus propias directrices que impulsan el desarrollo socioeconómico sin considerar la protección ambiental ni los efectos negativos de la deforestación y degradación forestal. En tanto que, las políticas de los países que fomentan el desarrollo sostenible y la protección del ambiente no son eficientes sin un marco institucional y la buena voluntad de todos los sectores y actores. El marco

[10] "La ordenación forestal sostenible supone, entre otras cosas, llevar un registro de la flora y fauna, hacer el seguimiento de las áreas forestales ecológicamente importantes, realizar una explotación maderera de impacto reducido, forjar alianzas entre los sectores público y privado, y distribuir equitativamente los beneficios entre las partes interesadas" (Matta y Meins 2012).

institucional y el sistema de gobernanza son dos parámetros que determinan ventajas o limitaciones en la aplicación de los criterios 3E+ (Kambire et al. 2016).

Teniendo en cuenta este contexto, es oportuno considerar las dimensiones políticas y socioeconómicas del rendimiento[11] de REDD+ que va desde el ámbito global hasta el local como PPR, SMRV, cobeneficios y participación comunitaria. Si bien el rendimiento de REDD+ incluye al resultado, es una dimensión que trasciende los resultados y pagos (Ramos et al. 2007). La falta de rendimiento del mecanismo puede ser por fallas en la esencia misma del instrumento que no consideró el entorno en que REDD+ iba a funcionar, donde actores poderosos por mantener el statu quo han obstaculizado la visión inicial. De igual manera, la evolución desde PSA a esfuerzos de conservación han sido ineficientes por fallas en su diseño conceptual y en los instrumentos basados en el mercado (Angelsen, Duchelle, et al. 2017). En la medida que el cambio climático sea más apremiante, los mercados de carbono funcionen mejor y se solucionen los problemas en referencia a la eficacia y eficiencia de REDD+ como mecanismo de gobernanza forestal y proceso político, podría funcionar (Angelsen, Martius, et al. 2019); el enfoque de PPR no garantiza que REDD+ sea un mecanismo eficaz, eficiente ni equitativo, requiere vincular los PPR a los contextos en los que se definen y acuerden dichos resultados en condiciones de aceptación social y política (Wong, Luttrell, et al. 2019).

[11] Rendimiento de REDD+ es el acto o proceso de realizar una función y se evalúa dentro de una política pública, proyecto o programa cuando se logran los objetivos establecidos (Ramos et al.2007).

1.3. Equidad

La equidad dentro de las propuestas de REDD+ incluye objetivos que no están vinculados con el cambio climático sino que tienen una connotación con dimensiones sociales y ambientales como la distribución de beneficios, los medios de vida, la reducción de la pobreza, la tenencia de la tierra, la protección de los derechos y participación de los pueblos y comunidades indígenas, la incorporación de una perspectiva de género más justa, la biodiversidad, entre otras (Angelsen, Kanninen, et al. 2010).

Este criterio se lo puede enfocar desde diferentes dimensiones: desde lo global se lo relaciona con la distribución justa entre los países en función del nivel de pobreza y la capacidad de los países pobres para participar en los procesos de REDD+, en lo nacional desde la distribución justa dentro de los mismos países, por ejemplo, la distribución de costos y beneficios en los gobiernos locales y el gobierno nacional, y en lo subnacional en los pueblos y comunidades indígenas, en el reconocimiento de sus prácticas y derechos tradicionales así como en los procesos de inclusión en la toma de decisiones de REDD+. Por consiguiente, la participación de los pueblos y comunidades indígenas, de diversos grupos sociales y de la sociedad civil se consideran importantes para la fase de preparación e implementación, legitimidad y diseño del mecanismo REDD+ (Chhatre et al. 2012).

Cuando los procesos nacionales abordan temas de equidad local, se supone que son procesos delineados y dirigidos por cada país de acuerdo a su realidad; sin embargo, la presencia de Organismos Internacionales (OI) como el Banco Mundial (BM), la ONU y otros, pueden dar lugar a amplios procesos administrativos que demandan gran cantidad de recursos técnicos (Romijn et al. 2015). De igual manera, los instrumentos para abordar la equidad como las salvaguardas sociales y ambientales (SSA) por lo general se reducen a ejercicios administrativos, de supervisión y presentación de informes. Esto puede determinar que las negociaciones se desvinculen de los objetivos nacionales en referencia a la tierra, a los pueblos y comunidades indígenas, a los bosques y terminar en una débil integración con los sectores importantes del cambio (Dawson et al. 2018). Ante lo expuesto, el criterio de equidad puede tener dificultades en la distribución de costos y beneficios, en los procedimientos de toma de decisiones y reconocimientos de identidades y valores que son determinantes para el cumplimiento de los objetivos ecológicos (Myers et al. 2018).

Al analizar los criterios 3E+ en un proyecto, se observa resultados contrapuestos entre ellos. Por ejemplo, un proyecto de REDD+ puede dar buenos resultados a gran escala con un costo relativamente bajo pero genera un incremento en la desigualdad en la propiedad de la tierra. Otro ejemplo, un proyecto dirigido a la comunidad para fortalecer los derechos locales de la tenencia de la tierra puede obtener logros de equidad pero ser costoso y de larga duración (ineficiente) (Springate-Baginski and Wollenberg 2010).

2. Variables de análisis

El contexto forestal de cada país es único, las causas de la deforestación y degradación son diferentes y los procesos de desarrollo también son distintos. Por lo tanto, al considerar la diversidad de las circunstancias nacionales, las estrategias de REDD+ deben responder a las necesidades de cada país.

Para evaluar los criterios 3E+ del financiamiento climático se escogió la tasa de deforestación que por sí misma es importante debido a que los países en desarrollo con alta tasa de deforestación y degradación forestal incrementan el entorno para REDD+. Además, la tasa de deforestación permite comparar el cambio de la superficie forestal con y sin REDD+ lo que posibilita analizar la eficacia y eficiencia del mecanismo en la reducción de los GEI (Angelsen, Kanninen, et al. 2010).

Se seleccionó la participación de stakeholders y la tenencia de la tierra en razón de que las compensaciones y salvaguardas relacionadas con los pueblos y comunidades indígenas han sido postergadas en la inversión climática anteponiendo el interés del mecanismo a sistemas basados en el mercado. Estas variables destacan su importancia dentro de la gestión forestal para cuantificar el criterio de equidad (Angelsen, Kanninen, et al. 2010).

2.1. Tasa de deforestación

La tasa de deforestación se refiere al cambio permanente de la superficie forestal entre un periodo de tiempo y otro subsecuente causado por el ser humano (Takaki 2010). REDD+ abordó incentivos económicos para cambiar el enfoque de los tenedores de los bosques. La protección de los bosques significa dejar de percibir ingresos por evitar la explotación de este recurso, en otros términos, la conservación de los bosques es más rentable que la tala, la agricultura y ganadería para recibir PPR. Bajo este esquema, los propietarios conservan los bosques porque tendrán mayores ingresos, esta connotación marcó la diferencia de acciones anteriores para la conservación de los bosques (Sunderlin y Atmadja 2009).

"La deforestación sucede porque es rentable para alguien. Hay mucho dinero en la tala de árboles, sobre todo para convertir la tierra en campos agrícolas. Y la idea de que REDD+ debe cambiar la ecuación al hacer que un árbol vivo sea más valioso que un árbol muerto costará mucho dinero si se quiere hacer realmente" (Angelsen 2020).

Las lecciones aprendidas han demostrado que los recursos económicos por si solos no detienen la deforestación, REDD+ no ha abordado las causas reales de la deforestación a gran escala y no está contribuyendo a la protección del clima porque detener la deforestación no es un proceso rápido, fácil ni barato. Además, tras el postulado del mecanismo se detecta el propósito de camuflar las intenciones de los países desarrollados en la protección de los bosques tropicales, transformando las subvenciones destinadas a "la ayuda al desarrollo" en préstamos a proyectos y programas climáticos (Kill 2017)

2.2. Participación de stakeholders

La participación de stakeholders hace referencia a los actores que están involucrados en la Mesa de Trabajo REDD+ (MdT) que comprende la Autoridad Nacional REDD+, pueblos y comunidades indígenas, afroecuatorianos, montubios, academia, sociedad civil y sector privado.

El concepto de participación comunitaria se lo puede enfocar desde varias perspectivas: en el ámbito político como una forma para lograr poder, desarrollo social o con fines democráticos, en el ámbito económico para obtener algunos beneficios materiales y en el ámbito social se relaciona con procesos en los cuales las personas se movilizan para alcanzar objetivos con miras a cumplir ciertas necesidades y producir cambios sociales. La participación comunitaria concentra estas definiciones y se resume como un proceso organizado, incluyente y autónomo, orientado a transformaciones colectivas e individuales, donde las personas con diversos grados de compromiso comparten valores y objetivos (Montero 2004).

Adicionalmente, abarca otros aspectos como el carácter inclusivo por su interés en conseguir una meta, así como integrar varias actividades para alcanzar el objetivo común (Sánchez 2000), el carácter político por formar ciudadanía y fortalecer la sociedad civil (Montero 2010; Clary y Snyder 2002).

Bajo esta premisa, el diálogo multisectorial es fundamental entre los actores que intervienen como: gobiernos locales, gobiernos autónomos descentralizados, ciudadanía en general, organismos de desarrollo internacional, banca privada, ONG, academia, organismos técnicos de apoyo, pueblos y comunidades indígenas, entre otros, con miras a fomentar e implementar de manera conjunta iniciativas de apoyo, metas comunes y objetivos específicos para generar cambios transformadores (Ulloa 2013).

Los pueblos y comunidades indígenas son actores claves para el logro de los objetivos como la reducción de emisiones por deforestación y degradación forestal y para el uso, manejo sostenible y conservación de los recursos forestales (Angelsen y Agrawal 2009). Las comunidades por su rol deberían tener un trato preferencial o diferenciado porque viven en el territorio desde siempre y su presencia debe reflejarse antes de toda discusión política como actores directos en la conservación de los bosques (Ulloa 2013).

Los pueblos y comunidades indígenas como agentes activos se destacan como poseedores de conocimientos, saberes ancestrales y tradicionales, actores dispuestos a adaptarse al entorno cambiante y protectores de los bosques por su estrecha relación con la naturaleza; su rol va más allá, como actores que construyen evidencias sólidas de su protagonismo. Proteger el derecho de las comunidades es la mayor garantía ante la resiliencia forestal, es respaldar su posición y legitimidad como protectores de la biodiversidad de su territorio, la conservación de los ecosistemas amenazados y la restauración de sus tierras degradadas. Para hacer prevalecer sus derechos han establecido alianzas destacando su presencia que respalda su posición y legitimidad (Lozano 2018).

En el ámbito transnacional, la movilización política de los pueblos y comunidades indígenas se ha dado con la incorporación de territorios a mecanismos de conservación de recursos forestales y de servicios ecosistémicos, lo que ha modificado sus relaciones entre lo transnacional y lo local enfocado al cambio climático (Ulloa 2013).

Las políticas de REDD+ generalmente aluden a las comunidades como potenciales beneficiarios y agentes para la implementación, los enfoques comunitarios han sido parte de las iniciativas de la gobernanza ambiental. Se las reconoce como actores responsables de la gestión de las iniciativas locales de REDD+ (Skutsch y Turnhout 2018). El enunciado del mecanismo afirma que para su intervención cuenta con las comunidades a través de procesos participativos y de "consentimiento libre, previo e informado". Sin embargo, en la práctica, los procesos de toma de decisiones rara vez son “libres”, apenas “previos” y poco “informativos” y escasamente buscan alguna forma de "consentimiento" democrático o incluso de "consulta" (Ece, Murombedzi y Ribot 2017).

Las comunidades dependientes de los bosques no están involucradas en los proyectos de REDD+, así mismo los impactos potenciales del mecanismo perturban de distintas formas sus medios de vida, sistemas socioculturales, seguridad alimentaria, fomenta la introducción de monocultivos, la presencia de actores poderosos y la adquisición ilegal de tierras. A REDD+ también se lo califica como un mecanismo que renegocia la relación de los pueblos con su espacio natural al monetizar la naturaleza (Macchi, et al. 2008). Actualmente, para las comunidades vivir en el bosque es un reto, han sido vulnerados sus derechos y se han vuelto más sensibles al cambio climático (Bayrak y Marafa 2016).

2.3. Tenencia de la tierra

La tenencia se refiere a “la relación, definida en forma jurídica o consuetudinaria, entre personas, en cuanto individuos o grupos, con respecto a la tierra” (FAO 2003). También se entiende por el conjunto de relaciones, sistemas y reglas que gobiernan los derechos de aprovechamiento de los recursos de la tierra y el bosque; determina quién puede explotar, vender, excluir del uso de la tierra y los recursos naturales que en ella se encuentra; así mismo, establece las responsabilidades y limitaciones relacionadas con los derechos de uso y aprovechamiento (FAO 2016).

La falta de certeza en los derechos de la tenencia da lugar a que los pueblos y comunidades indígenas realicen un uso más intensivo y temporario de la tierra a través de siembras de ciclo corto y ganadería intensiva. Las comunidades al desarrollar una agricultura itinerante, agotan el suelo y se trasladan a otras áreas porque no tienen el derecho de pertenencia y de seguridad que da el derecho de propiedad de la tierra, vulnera a las comunidades que de por sí son afectadas por otras causas como la pobreza, falta de empleo y marginalidad (FAO 2016).

La tenencia no necesariamente es sinónimo de propiedad o dominio. En algunos casos la tenencia coincide con el propietario pero esta no es una condición; en otros, los pueblos y comunidades indígenas no tienen un derecho reconocido sobre una tierra, no tienen títulos de propiedad inscritos pero usan cierto territorio durante algunas generaciones, tienen su dinámica de gobernanza y organización interna; si bien, no tienen el dominio desde el punto de vista legal, tienen los beneficios de la tenencia (FAO 2016).

La tenencia de la tierra es importante en la planificación y aplicación de

REDD+, constituye la base sobre la que se construyen los proyectos y la distribución de los beneficios. La tenencia y los derechos tienen relación con la elaboración de las salvaguardas de REDD+. El mecanismo promueve la inversión y gestión de los bosques en áreas que por lo general están apartadas de los centros urbanos y en lugares de difícil acceso, la falta de seguridad jurídica sobre la tenencia es uno de los principales frenos para la inversión; por consiguiente, clarificar y dar seguridad sobre los derechos de tenencia es el primer paso en el proceso de preparación REDD+ (FAO 2016).

En este marco, uno de los condicionantes para implementar REDD+ de manera global ha sido tener seguridad sobre los derechos de propiedad de los tenedores de la tierra para acceder a los recursos financieros. El mecanismo ha brindado oportunidades para clarificar los derechos locales de tenencia en las áreas de intervención para garantizar sus actividades; han asignado recursos para incentivar la aceleración de reformas en la tenencia de los bosques a favor de sus intereses (Hubert 2014). Por ejemplo, Brasil registra records en la ejecución de reformas en la tenencia de tierras pues tiene gran parte de sus bosques bajo propiedad comunal o asignada al uso comunitario, entre sus esfuerzos se incluye la georreferencia de pequeñas y medianas propiedades para incluirlas en proyectos de REDD+ (Dewan 2011).

METODOLOGÍA

El punto de partida es el financiamiento climático bajo la CMNUCC a través de los fondos GCF y GEF dirigidos a PROAmazonía, en el compromiso de retribuir a Ecuador por conservar los bosques. La información del cofinanciamiento de otras fuentes, no es objeto de análisis de la investigación, pero se la menciona para complementar la información del total del financiamiento climático del periodo 2017-2023.

El estudio tiene como base una variedad de fuentes bibliográficas que incluye artículos científicos, informes de financiamiento climático, informes de los proyectos de los fondos del GCF y del GEF, entrevistas semiestructuradas a académicos, especialistas en materia ambiental y expertos en financiamiento climático (Tabla 1) orientadas a obtener datos e información sobre las acciones realizadas dentro de los proyectos de REDD+. La selección de los entrevistados se efectuó en función de su participación dentro de la Mesa de Trabajo REDD+ (MdT), así como por la experiencia en materia ambiental, y los conocimientos técnicos y socioeconómicos que avalan la implementación de los proyectos en territorio. La respuesta de los entrevistados fue un conjunto de datos no estructurados, variados y críticos, cada uno con su propia perspectiva; información a la que se le dio una estructura y permitió ampliar el análisis.

Para profundizar el análisis de los criterios eficacia, eficiencia y equidad (3E+) se realizó un estudio de las variables: 1. tasa de deforestación; 2. participación de stakeholders; y 3. tenencia de la tierra. Se elaboró un análisis de las variables mediante literatura relevante e información de las entrevistas; tarea compleja considerando que la dinámica de estas variables son fenómenos que se han dado bajo contextos sociales, políticos, económicos e institucionales heterogéneos.

Entrevista a Expertos

FECHA ENTREVISTA	ENTREVISTADO	CARGO	REPRESENTANTE	CÓDIGO
07/07/2021	Arild Angelsen	Profesor de Economía en la Norwegian University of Life Sciences (NMBU)	Academia	A1
14/06/2021	Carolina Rosero	Gerente de Políticas Ambientales de Conservación Internacional	ONG	O1
09/06/2021	Cristina García Soto	Oficial de Programa de Bosques y Agua de WWF	ONG	O2
15/06/2021	David Romo Vallejo	Director del Programa de Diversidad Etnica de Universidad San Francisco de Quito (USFQ)	Academia	A2
29/06/2021	David Yedra	Director del Gestión Ambiental de GAD Provincial de Pastaza	GAD	G1
17/08/2021	Duval Llaguno Ribadeneira	Especialista en Recursos Naturales del Banco Interamericano de Desarrollo	BID	B1
29/06/2021	Francisco Moscoso Silva	Especialista Técnico en Monitoreo y Seguimiento de PROAmazonía	PROAmazonía	P1
17/06/2021	Jaime Toro Guajala	Director de Naturaleza y Cultura Internacional	ONG	O3
05/05/2021	Jessica Gallegos	Especialista de Mitigación de Cambio Climático del MAATE	MAATE	M1
18/08/2021	Manuel Shiguango	Técnico Territorial CONFENIAE / ONU REDD+	CONFENIAE / ONU REDD+	C1
18/08/2021	Patricia Serrano	Gerente de PROAmazonía	PROAmazonía	P2

Tabla 1. Entrevistas a académicos y expertos
Elaboración propia

Para la evaluación de la deforestación se revisó la tasa de deforestación nacional, mediante un análisis histórico comparativo desde el año 1990 hasta el año 2022 para examinar los resultados alcanzados por los proyectos financiados por el GCF y GEF. Los resultados de la deforestación de los proyectos bajo estos fondos provocan cierta incertidumbre por factores como la reducida información de datos y cifras actualizadas. Esta variable permite cuantificar la eficacia y eficiencia de las actividades de REDD+.

En cuanto a la participación de stakeholders se realizó un mapeo sobre la intervención de los actores involucrados (Anexo 1), dirigido a obtener datos e información sobre las acciones realizadas por PROAmazonía. La selección de los entrevistados se hizo en función de su participación dentro de la MdT, por la experiencia en materia ambiental, y los conocimientos técnicos y socioeconómicos que avalan la implementación de los proyectos en territorio. El análisis de la investigación se centra en la participación de los pueblos y comunidades indígenas como socio estratégico para la implementación de las acciones de REDD+.

Con el fin de evaluar la tenencia de la tierra se revisó literatura oficial y académica. Además, se reforzó con las entrevistas realizadas. Se consideró esta variable en razón de que los derechos sobre la tierra son un requisito previo para acceder a los beneficios de REDD+. La tenencia de la tierra es la base sobre la que se consolidan los proyectos y la distribución de los beneficios. Estas dos últimas variables, la participación de *stakeholders* y la tenencia de la tierra, permiten cuantificar la equidad.

CAMBIO CLIMÁTICO, DEFORESTACIÓN, REDD+ Y FINANCIAMIENTO CLIMÁTICO

El capítulo expone la problemática que el cambio climático ha generado en el contexto mundial y la necesidad de la cooperación y participación financiera climática de los países desarrollados y los países en desarrollo para construir economías inclusivas, bajas en carbono y resilientes al clima. Se analiza la distribución de los bosques y su importancia como ecosistemas generadores de múltiples beneficios y su relación directa con el cambio climático. Con esta premisa se aborda brevemente las negociaciones climáticas que se han realizado en el marco de la CMNUCC encaminadas a REDD+ como mecanismo financiero que promueve los esfuerzos voluntarios de los países desarrollados para reducir los GEI y aumentar las reservas de carbono de los bosques. Se analiza los recursos financieros climáticos bajo la CMNUCC comprometidos de la última década para reducir la deforestación y degradación forestal en los países en desarrollo.

1. Cambio climático

El cambio climático en la actualidad es uno de los retos más relevantes que tiene la humanidad. Según la CMNUCC (2014a) es un desafío que se debe enfrentar mediante acciones concretas para lograr los Objetivos de Desarrollo Sostenible (ODS) y el cumplimiento de las Contribuciones Nacionales Determinadas (NDC, por sus siglas en inglés) que son las iniciativas nacionales de cada país orientadas a la reducción de los GEI a la luz del Acuerdo de París (AP). El reto exige una acción conjunta con una inversión climática para promover el desarrollo ambiental sostenible, bajo en carbono y resiliente al clima, especialmente para beneficio de los países más vulnerables (Hirsch 2018).

El cambio climático se define como "el cambio de clima atribuido directa o indirectamente a la actividad humana que altera la composición de la atmósfera global y que se suma a la variabilidad natural del clima observada durante periodos de tiempo comparables" (CMNUCC 1992). También, "se puede deber a procesos naturales internos o a cambios del forzamiento externo, o bien a cambios persistentes antropogénicos en la composición de la atmósfera o en el uso de las tierras" (IPCC 2013). En otros términos, es un fenómeno ocasionado por la acumulación de los GEI en la atmósfera cuyo resultado es el aumento de temperatura promedio que ha ocasionado la disrupción del sistema climático.

Los GEI son gases que se acumulan en la atmósfera, absorben la radiación infrarroja del sol, son necesarios para mantener la temperatura del planeta; sin embargo, la actividad humana ha aumentado su producción alterando el equilibrio natural, provocando el incremento de la temperatura global, alteración del flujo de energía radiante en la atmósfera (forzamiento radiativo) y variación del balance de energía en la superficie de la tierra (forzamiento climático) (Romano, et al. 2018). Las tres cuartas partes de CO_2 provienen de los países industrializados (Xu, et al. 2017). En el año 2018, las emisiones de CO_2 llegaron a niveles sin precedentes, se registró una emisión de 37 mil millones de toneladas de CO_2 por la quema de combustibles fósiles, esto es un 3,1 % más en relación con el año anterior (OECD 2019).

El reto es combatir el cambio climático. Entre los compromisos globales se debe desplegar recursos financieros para construir economías inclusivas bajas en carbono y resilientes al clima, el financiamiento disponible y las capacidades para gestionar estos recursos difieren en cada país. Los países desarrollados cuentan con capacidades internas para producir y utilizar los recursos, en tanto que la mayoría de los países en desarrollo requieren de recursos económicos externos para mitigar y adaptar el cambio climático (PNUD 2012).

2. Bosques

La distribución de los bosques en el planeta no es uniforme ni equitativa en referencia a la población mundial o a la ubicación geográfica. Más de la mitad de los bosques del mundo se localiza en cinco países: Brasil, Canadá, China, Estados Unidos y Rusia cubren el 31 % del total de la superficie terrestre mundial que representa 4.060 millones de hectáreas (Mha.) (Figura 1). Aproximadamente la mitad de la superficie forestal (49 %) se conserva casi intacta y más de un tercio (34 %) representan bosques primarios, en los que no se observa indicios de actividad humana y los procesos ecológicos no han sufrido perturbaciones notables (FAO 2020). Además, las zonas tropicales poseen el mayor porcentaje de los bosques del mundo (45 %) (FAO 2020a).

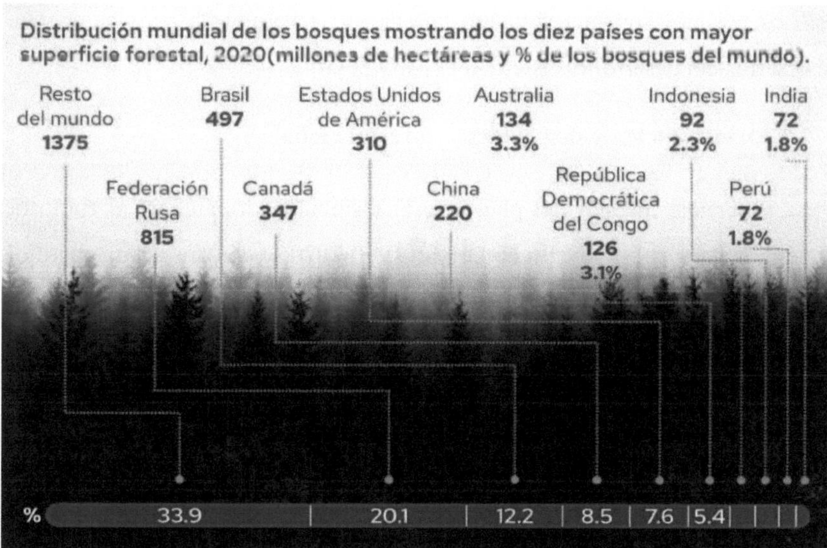

Figura 1. Bosques del mundo
Fuente: FAO 2021 Elaboración propia

El carbón está en el ambiente en diferentes formas como biomasa, hojarasca, animales que lo restituyen al suelo por medio de sus desechos o al morir; también, en forma de combustibles fósiles, rocas y en la atmósfera. La cantidad[12] absoluta retenida en las formas en que se encuentra el carbono son reservas que varían por la deforestación o degradación, estas variaciones se denominan flujos, entonces el carbono por circulación fluye entre las distintas reservas (FAO 2003a).

Sobre la base de esta premisa, los bosques y el cambio climático tienen una directa relación. Los cambios que se producen en el clima afectan a los bosques y viceversa; las temperaturas cada vez más elevadas, la modificación de los fenómenos pluviales, fluviales y otros fenómenos climáticos extremos afecta a los bosques. Es necesario hacer frente a esta compleja interrelación de forma integral e innovadora, enfrentar la degradación ambiental y frenar el insostenible crecimiento económico. "Los bosques son una solución basada en la naturaleza para numerosos desafíos del desarrollo sostenible" (FAO 2020).

2.1. Deforestación y degradación forestal global

La superficie forestal del planeta está disminuyendo, aunque el ritmo de pérdida neta ha bajado. En el periodo 1990-2020 se contabiliza una pérdida de 178 Mha. de bosque como consecuencia de la reducción de la deforestación en varios países, el incremento de forestación en otros y por la expansión natural de los bosques. El ritmo de pérdida neta para el

[12] No todos los bosques almacenan la misma cantidad de carbono; en principio, la retención de carbono está determinada por la cantidad de biomasa; sin embargo, la cantidad retenida no solo depende de la biomasa sino también del tipo, la edad de los bosques y otro tipo de vegetación (Biomasa + tipo de bosque y otras variables = CO_2 almacenado). En términos generales una tonelada de biomasa equivale a media tonelada de carbono (PNUMA 2018).

periodo 1990-2000 se estima de 7,8 Mha. anual, para el periodo 2000-2010 bajó a 5,2 Mha. anual y para el 2010-2020 se redujo a 4,7 Mha. anual (Figura 2) (FAO 2020a).

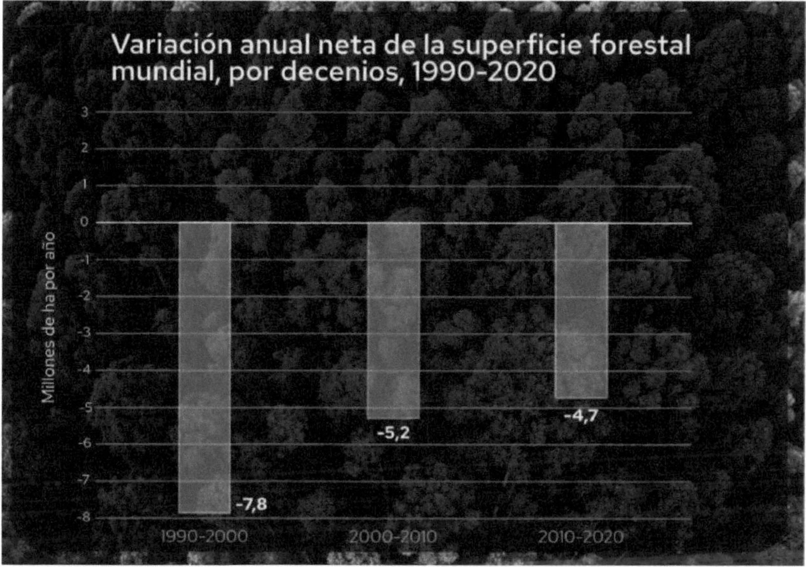

Figura 2. Variación anual neta de la superficie forestal
Fuente: FAO 2021
Elaboración propia

Ante esta premisa, es necesario establecer la diferencia entre deforestación y degradación forestal. La deforestación es "la conversión de los bosques a otro tipo de uso de la tierra o la reducción permanente de la cubierta de dosel, por debajo del umbral mínimo del 10 por ciento" (FAO 2015) proceso que implica pérdida o disminución constante de la cubierta del bosque y transformación en otro uso de la tierra, por ejemplo: tierras de cultivo, pastizales, forestales, de asentamiento, humedales, etc. La degradación forestal es "la disminución de la capacidad del bosque para suministrar bienes y servicios" (FAO 2015) en otros términos, no es disminución de la superficie forestal sino de la calidad de su estado, proceso que implica la pérdida de reservas de carbono.

Se calcula que en el planeta 424 Mha. de bosques están destinados a la conservación de la biodiversidad; sin embargo, esta área en los últimos diez años ha disminuido (FAO 2020a). Más de 100 Mha. de bosques están amenazados frecuentemente por incendios forestales, plagas, sequías y fenómenos meteorológicos adversos. La expansión agrícola y comercial a gran escala han sido causa constante de pérdida de bosques. Lamentablemente, los bosques enfrentan muchas perturbaciones que afectan considerablemente su vitalidad y reducen su capacidad de proporcionar bienes y servicios ecosistémicos (FAO 2020).

Las consecuencias son evidentes en la disminución de la reserva total del carbono forestal. La mayor parte se encuentra en la biomasa viva que representa el 44 % y la materia orgánica del suelo que equivale a un 45 %, la diferencia restante corresponde a madera muerta y hojarasca. Para el año 1990, se contabilizó que la reserva total de carbono era de 668 gigatoneladas (Gt.) para el año 2020 bajó a 662 Gt. Para el mismo periodo, la densidad del carbono experimentó un breve incremento de 159 a 163 toneladas por ha. (FAO 2020a).

2.2. CMNUCC y mecanismos forestales

El cambio climático en el devenir del último siglo ha ocupado atención especial en las agendas internacionales, nacionales y locales. La CMNUCC partió de uno de los tratados ambientales multilaterales de mayor logro como fue el Protocolo de Montreal en el año 1987, que exhortó a los Estados miembros a participar en la seguridad humana pese a no contar con las pruebas científicas actuales (Blobel et al. 2006).

En el año 2005, en la Conferencia de las Partes (COP) No.11, desarrollada en Montreal, la Coalición de Naciones con Bosques Tropicales (CNBT) propuso un mecanismo de compensación denominado Reducción de Emisiones por Deforestación (RED) cuyo fundamento fue el concepto de reducción compensada y una opción de mitigación rentable (Fry 2008) además, su contribución a la mitigación daría importantes cobeneficios para los servicios ecosistémicos y a la biodiversidad. Este fue el primer enfoque de las Partes de la CMNUCC a uno de los problemas más críticos de las negociaciones sobre el clima e inicio de la puesta efectiva al Principio de Responsabilidades Comunes pero Diferenciadas (PRCD)[13]. La participación voluntaria y los incentivos positivos permitirían a los países en desarrollo colaborar en forma significativa en un régimen climático sin que se menoscabe su capacidad de desarrollo (Rudel, et al. 2005).

En un comienzo, las negociaciones se encaminaron a RED derivadas de la deforestación como un mecanismo para crear incentivos de protección, optimización del manejo y uso prudente de los recursos forestales en los países en desarrollo, posteriormente se amplió a la degradación de los bosques (REDD). En el año 2008, ante la necesidad de asistencia técnica y desarrollo de capacidades, se crearon instituciones multilaterales como el Fondo Cooperativo para el Carbono de los Bosques (FCPF, por sus siglas en inglés) del BM, como una alianza estratégica global para asistir a los países en desarrollo en sus esfuerzos de reducción de emisiones producto de la deforestación y degradación, ayudar al manejo sostenible de los bosques en pie y conservar los inventarios del carbono forestal (CMNUCC 2013).

[13] Según el artículo 3 de la CMNUCC, el PRCD reconoce responsabilidades en torno al problema del cambio climático. La responsabilidad está definida por el grado de participación de los países en el aumento de la temperatura global y la capacidad de cada país para hacer frente al problema (CMNUCC 2011).

De igual manera, como una iniciativa de colaboración de la ONU ante la continua desaparición a ritmo preocupante de los bosques tropicales, lanzó oficialmente el Programa ONU-REDD como un programa orientado a la reducción de los GEI por la deforestación y degradación de los bosques en países en desarrollo. El Programa ONU- REDD incluye estrategias de conservación, manejo sostenible de los bosques y busca reforzar el rol de los pueblos indígenas, comunidades locales y otras poblaciones dependientes de los bosques y la participación de la sociedad civil (Herrán 2012).

El mecanismo Reducción de Emisiones derivadas de la Deforestación y la Degradación de los bosques (REDD) interviene cuando se emite CO_2 y cuando se daña o destruye los bosques. El punto de partida para poner en marcha REDD fue para aquellos países con tasa elevada de deforestación y con posibilidades de ser reducidas. Sin embargo, existen muchos países que históricamente han tenido baja tasa de pérdida de bosques y han conservado gran porcentaje de su cubierta forestal. Ante esta premisa, por razones políticas y técnicas se procedió ampliar el concepto REDD a REDD+ (Chacón-Cascante, et al. 2011)

En este contexto, surge la controversia en torno a los esfuerzos de cooperación internacional para reducir la deforestación en los países en desarrollo. Al ser REDD+ un mecanismo internacional que fomenta los esfuerzos voluntarios de estos países para reducir los GEI y aumentar las reservas de carbono de los bosques, la CMNUCC diseñó un Sistema Internacional para determinar las Reducciones y Eliminaciones de Emisiones (REE) a nivel nacional y subnacional. Ante esto se observa que el marco internacional compite con los sistemas nacionales de comercio de emisiones y la legislación nacional de REDD+ en el mercado voluntario de carbono (Streck 2020).

3. Mecanismo REDD y REDD+

En sus inicios, el tema de las emisiones de carbono del sector forestal fue designada como "deforestación evitada" y no "evitar la deforestación" esto marcó el punto de partida del problema. Deforestación evitada solo significa cuantificar los logros en la reducción de la deforestación, aunque se continúe deforestando. El problema se vuelve más complejo cuando se ofrece una compensación financiera por las áreas donde la deforestación ha sido evitada. Lo óptimo sería evitar la deforestación en todos los países (Carrere 2012).

En este marco, las negociaciones sobre el clima empujadas principalmente por los gobiernos y las corporaciones de los países desarrollados y para efectos de sus objetivos dentro del mercado de carbono continuaron, buscando supuestas soluciones para la inconformidad que REDD ya había provocado. Las negociaciones cada vez más controladas por el poder corporativo no se preocuparon por proteger los bosques y su biodiversidad, ni erradicar la pobreza y menos respetar los derechos de los pueblos, comunidades indígenas y otras poblaciones dependientes de los bosques. La deforestación y las emisiones de los GEI continuaron, los países desarrollados siguieron utilizando al mecanismo como la opción que les permitía pagar por contaminar, en tanto que, los países en desarrollo vieron a REDD como una posibilidad de obtener recursos financieros por la conservación de sus bosques (Carrere 2012).

Uno de los pilares del mecanismo fue el PSA como el esquema inicial de REDD de pagos condicionados a la reducción de las emisiones de los GEI y posteriormente se tradujo en PPR (Angelsen 2017a). Desde un inicio, el proceso el PSA significó mercantilización, sometimiento y esclavitud de la naturaleza a la lógica del capitalismo. El comercio de servicios ambientales fomentó la impunidad porque en lugar de prohibir la deforestación y destrucción forestal, la compensan y evitan combatir los problemas,

socavando las verdaderas soluciones de la crisis climática con una distracción a los cambios en los modos de producción y consumo (Olca 2015).

Ante la coyuntura, en el año 2014 en Perú, más de 150 organizaciones del mundo manifestaron su oposición contra REDD y las industrias extractivas, para frenar el capitalismo y defender la vida y sus territorios. El slogan de controlar la deforestación estaba quedándose sin soporte, la creciente destrucción forestal era aceptada y hasta promovida bajo el lema de la compensación, participación local, mejoramiento en la gestión de los bosques, desarrollo de poblaciones locales e inclusive de los derechos sobre la tierra. Los pueblos y comunidades fueron sintiendo las consecuencias no solo por las intensas sequías, inundaciones y otros impactos ambientales sino también por el despojo y saqueo de sus territorios, consecuencia de la extracción legitimada por efectos de la expansión del mercado de carbono (Olca 2015).

Desde la institucionalidad oficial, en respuesta a la creciente preocupación por el uso del suelo, en particular a la pérdida de los bosques y su incidencia directa en el cambio climático, las Partes de la CMNUCC reconocieron la importancia de avanzar en el acuerdo sobre el cambio climático que incluya un mecanismo para reducir emisiones por deforestación y degradación. La propuesta REDD adquirió mayor profundidad al incluir la conservación, el manejo sostenible y el mejoramiento de las reservas de carbono de los bosques (PNUMA 2018b).

El mecanismo REDD pronto se convirtió en REDD+, ya no se habló solo de evitar la destrucción de los bosques sino también de “la conservación, el manejo sostenible y el mejoramiento de las reservas de carbono de los bosques". Al centrar su atención en el secuestro de carbono, se dejó abierta la posibilidad de remplazar el bosque primario por nuevas plantaciones de monocultivos o unas pocas especies de crecimiento rápido; en otros términos, se abrió una puerta a la tala industrial y a la industria de monocultivos forestales como futuras fuentes de ingresos por carbono. Se apuntó al carbono como una estrategia de mitigación al cambio climático que propone nuevos y múltiples objetivos que engloban diversos intereses con gran número de actores y agendas diferentes. Por lo tanto, REDD+ es el mismo REDD solo que más grande y con capacidad para causar más daños (Kill 2014).

Así, REDD+ con su enfoque en la reducción de emisiones de carbono ha desviado la atención de las causas directas[14] y subyacentes[15] de la deforestación para camuflar la violación a los derechos de las comunidades en la tenencia de la tierra, el uso tradicional de sus tierras e incentivó a la agricultura industrial, el monocultivo forestal, la extracción de minerales, gas y petróleo y las obras de infraestructura a gran escala justificando el modelo de desarrollo asociado a un consumo creciente. La iniciativa de REDD+ que a cuenta de reducir la destrucción de los bosques, no aborda las causas reales, deja al descubierto intereses que están fuera de los límites del mecanismo, los verdaderos responsables de la destrucción quedan intactos al igual que sus emisiones (Sunderlin, Ekaputri, et al. 2014)

---

[14] Las *causas directas:* el desmonte para la expansión de distintos tipos de agricultura de subsistencia y comercial, minería, desarrollo de infraestructuras, expansión urbana (PNUMA 2018a)

[15] Las *causas subyacentes:* la incidencia del crecimiento demográfico, políticas nacionales a favor de usos no forestales de la tierra, gobernanza deficiente, incentivos y subsidios fiscales, comportamiento de gobernanzas nacionales preferentemente de los productos agrícolas, movimientos de agricultores sin tierra que son muy pobres, que recurren a la agricultura de subsistencia e inseguridad alimentaria (PNUMA 2018a)

En la medida que REDD+ se vincula con los mercados de carbono se debe crear una moneda que permita cumplir con las obligaciones de mitigación reglamentarias o voluntarias. El principio que caracteriza a los mercados de carbono es la asignación de un derecho a contaminar, lo que define el funcionamiento de un sistema regulado por límites máximos y comercio (cap-and-trade). Cuando el sistema reconoce los créditos de compensación, estos créditos se convierten en derechos a contaminar equivalentes a los derechos de emisión asignados al sistema de límites máximos y comercio (Streck 2020). La gran preocupación es la mercantilización de la contaminación que pone en ventaja a los países y actores más ricos y crea un abuso global.

REDD+ plantea que los países desarrollados financien para detener la destrucción de los bosques a los países en desarrollo a cambio de obtener crédito por emisiones que quizás no se produjeron. El mecanismo exige realizar complejos cálculos que determinarán la cantidad de carbono almacenado en un bosque, difícil de verificar. Cuando se han obtenido las cifras, se transforma a unidades equivalentes de CO_2 (la moneda del mercado de carbono) se pone precio y se transa en el mercado como bonos de carbono. Los países y/o empresas que compran, los contabilizan como un rubro que representa parte del cumplimiento de las metas de reducción de los GEI (Fernandez 2015) situación conveniente para los financistas pero en detrimento de los pueblos y comunidades indígenas que se ven debilitados en sus sistemas alimentarios locales al ser reprimidos en sus prácticas agrícolas tradicionales, en sus actividades de subsistencia y en la restricción al acceso a la tierra y a los bosques. En tanto que, los grandes causantes de la deforestación como los mega proyectos industriales, la minería, infraestructura y de manera especial las plantaciones industriales de árboles como palma de aceite y soja, criadero de animales a gran escala, continúan en sus actividades sin restricciones; fortaleciéndose el sistema agroalimentario industrial controlado por las corporaciones causantes del cambio climático (Naranjo 2018).

En este contexto, se observa que en el transcurso de la década, la idea básica de REDD+ ha sido comercializar el carbono almacenado de los bosques como incentivo para reducir las emisiones de los GEI. Esto lleva a pensar que el mecanismo se lo concibió de tal forma que mientras más deforestación y amenazas a los bosques existan, más proyectos REDD+ se justifican y se ponen en marcha sin que ninguno de ellos se enfoque en el objetivo principal que defienda la creación del mecanismo; tal es así que, los proyectos muestran que son una amenaza para la población que vive y depende del bosque. De esta manera, no solo se genera créditos de carbono para expandir y legitimar las actividades de los mismos actores de la deforestación sino también se crean mercados lucrativos de especulación financiera (Angelsen, Hermansen, et al. 2019a).

4. Financiamiento climático

Se ha consolidado una arquitectura de financiamiento multiinstitucional a nivel mundial para la implementación del financiamiento climático con miras a cambios transformacionales, de manera particular, en áreas difíciles para mitigar, adaptar y reducir la vulnerabilidad. Al ser el financiamiento climático clave para las Partes de la CMNUCC, en el año 2010, se creó el Comité Permanente de Financiación (CPF) con el objetivo de realizar un seguimiento de los recursos financieros a largo plazo dirigido al desarrollo de los países con bajas emisiones de carbono y resiliente al clima. Una de las funciones del CPF es brindar asistencia a la COP en la mediación, exposición de informes y verificación del apoyo realizado a los países en desarrollo (OECD 2015).

El financiamiento climático tiene como objetivo "reducir las emisiones, mejorar los sumideros de los gases de efecto invernadero y reducir la vulnerabilidad de los sistemas humanos y ecológicos a los impactos negativos del cambio climático y mantener y aumentar su resiliencia" (CMNUCC 2014). Para facilitar la provisión del financiamiento climático, la CMNUCC delineó mecanismos financieros para proveer recursos económicos a los países en desarrollo que están al servicio del AP. La adaptación y el financiamiento climático tienen una estrecha relación con los objetivos del AP, por tal razón, el cambio climático tiene un enfoque más amplio, no solo como un fenómeno de aumento de temperatura y emisiones de los GEI sino también como un problema económico y social que compromete a todos (CMNUCC 2021).

El financiamiento se realiza a nivel local, nacional o transnacional. Procede de fuentes públicas, privadas y de la cooperación internacional, es necesario para mitigar y adaptar, proteger y restaurar los ecosistemas naturales, requiere de inversiones a gran escala para reducir significativamente las emisiones de los GEI y los efectos climáticos adversos (CMNUCC 2021). Se canaliza a través de un conjunto de vías como los fondos multilaterales, instituciones de asistencia bilateral para el desarrollo orientado al cambio climático; a su vez, varios países en desarrollo han creado y/o adaptado instituciones y canales nacionales para recibir dicho financiamiento. Si bien la multitud de canales ha dado lugar al incremento de opciones y posibilidades para que los países receptores accedan al financiamiento para el clima, también se ha vuelto un proceso intrincado en lo que concierne al seguimiento de todos los fondos de financiamiento (Bird, Watson y Schalatek 2017).

En la última década, el financiamiento climático se ha incrementado de manera constante. Para el bienio 2015-2016 alcanzó USD 463 mil millones; para el bienio 2017-2018 el monto ascendió a USD 574 mil millones - un incremento del 24 % y para el bienio 2019-2020 se incrementó a USD 632 mil millones – un 10 % de aumento. Esto nos permite observar que los flujos se han ralentizado en los últimos años, pese a que los objetivos climáticos acordados internacionalmente para el año 2030 exigen mayor financiamiento climático en al menos 7 veces. Las tres cuartas partes de la inversión climática mundial se concentra en Asia Oriental y el Pacífico, Europa Occidental y América del Norte, en tanto que el resto de regiones recibieron menos de la cuarta parte.

Asia Oriental y el Pacífico representan aproximadamente el 50 % de las inversiones climáticas mundiales con USD 292 mil millones en el bienio 2019-2020 y un incremento de USD 43 mil millones en comparación con el bienio 2017-2018. Se estima que más del 80 % de la región de Asia Oriental y el Pacífico se concentraron en China (Buchner, et al. 2021).

Los flujos financieros climáticos no cubren las necesidades estimadas para lograr la transición a un mundo sostenible con cero emisiones netas y resiliente en esta década, la inversión climática debe aumentar. Los compromisos de financiamiento climático deben traducirse en acciones reales a través de los actores públicos y privados que se alineen a los objetivos del AP (Buchner, et al. 2021).

Para un mejor funcionamiento del financiamiento climático existen varias entidades internacionales, instituciones y mecanismos financieros como el Fondo para el Medio Ambiente Mundial (GEF, por sus siglas en inglés), el Fondo Verde para el Clima (GCF, por sus siglas en inglés), el Fondo de Adaptación de las Naciones Unidas (AF, por sus siglas en inglés), Fondo Especial para el Cambio Climático (SCCF, por sus siglas en inglés), el Fondo para los Países menos Adelantados (LDCF, por sus siglas en inglés) orientados a la reducción de los GEI. A su vez, los países en desarrollo han incrementado su gasto público en actividades vinculadas con el cambio climático a través de los presupuestos nacionales (PNUD 2012).

4.1. Alcance y obstáculos del financiamiento climático

El financiamiento climático es la piedra angular para la materialización de los acuerdos, compromisos y el cumplimiento de las metas climáticas. Son inversiones que ayudan a incrementar la resiliencia y a reducir la vulnerabilidad ante los impactos de la crisis climática, facilita el cambio de esquemas de producción en el sector agrícola y el manejo de los desastres climáticos. A través de la CMNUCC se fijan acuerdos que se deben cumplir para generar confianza entre las Partes, de igual manera el AP estipula que todos los flujos financieros deben ser consistentes con el desarrollo bajo en carbono y resiliente al clima. Es decir, los flujos financieros deben proceder no solo de los países desarrollados sino también de los países en desarrollo que también tienen su cuota de responsabilidad en la contaminación ambiental (Guzmán 2021).

Los mecanismos financieros internacionales deberían proporcionar pautas claras y coherentes sobre los lineamientos climáticos como la planificación de los procesos, la implementación de los proyectos, la administración de los fondos hasta llegar a la etapa final; estas directrices deben cumplir los organismos nacionales responsables de implementar la política climática en cada país. A su vez, los gobiernos deben garantizar que los fondos financieros sirvan para reforzar actividades ambientales como el monitoreo y la capacidad de generar información real a nivel nacional (Sweeney, et al. 2011).

Uno de los objetivos del AP gira en torno al Marco de Transparencia para la acción y el apoyo (Art. 13[16]), en este sentido todos los países deben contar con un SMRV que facilite reportar los resultados de las acciones climáticas y el apoyo recibido para este fin (Samaniego, et al. 2019). El desarrollo de una metodología universal permitiría conocer la cantidad de recursos que se promete, que se asigna, que se transfiere y, sobre todo, cómo se utilizan los recursos y la información que cada país debería generar. La falta de una metodología única ha puesto en evidencia que el financiamiento climático no es consistente entre los países donantes y los receptores porque existen países menos desarrollados cuyas capacidades económicas son más restringidas y otros que se encuentran en una trayectoria de desarrollo y crecimiento económico distinta como China, Brasil e India que no deberían recibir fondos de la cooperación internacional (Guzmán, Castillo y Moncada 2017).

La transparencia financiera es fundamental en las acciones climáticas para rastrear y analizar las inversiones. Si los países no son transparentes sobre sus contribuciones climáticas no se puede pasar de la planificación a la acción y por ende avanzar contra el cambio climático. Cuando se invierten grandes cantidades de recursos económicos existe un alto nivel de complejidad y falta de claridad que acompaña a muchos procesos climáticos (Guzmán 2021). Cabe preguntar si existe transparencia en el uso de los recursos económicos que reciben los países en desarrollo por parte de los fondos multilaterales financiadores y si se canalizan hacia las actividades y sectores prioritarios. Es decir, si dicho financiamiento está llegando donde debe llegar, si está generando el impacto esperado y si facilita la transformación necesaria en territorio.

---

[16] "Con el fin de fomentar la confianza mutua y de promover la aplicación efectiva, por el presente se establece un marco de transparencia reforzado para las medidas y el apoyo, dotado de flexibilidad para tener en cuenta las diferentes capacidades de las Partes y basado en la experiencia colectiva" (Naciones Unidas 2015)

Desde otra perspectiva, el financiamiento climático a pesar de tener importancia en el cumplimiento de las metas nacionales, son pocos los países que cuentan con estrategias de financiamiento climático como políticas de Estado, esta situación no solo obedece a la falta de recursos sino a la voluntad política para enfrentar el problema e implementar acciones climáticas. El financiamiento climático es un termómetro que mide las prioridades de los países y su compromiso más allá de la institucionalidad, por consiguiente, el compromiso del cambio climático es una oportunidad para reformular no solo el modelo de desarrollo sino también la institucionalidad (Nemirovsky 2019).

Hasta hace poco tiempo el cambio climático se concebía como un tema ambiental, en la actualidad se lo reconoce como un problema económico y de gran impacto social que todavía no está internalizado en la práctica. Los países en desarrollo todavía no han elaborado sus planes nacionales y sectoriales de desarrollo con una perspectiva de cambio climático. En los últimos años, estos países han asumido compromisos climáticos para enfrentar la amenaza que se cierne sobre el mundo; sin embargo, estos esfuerzos corren el riego de dilatarse por el modelo de desarrollo que impulsa las actividades petroleras, la ampliación de la frontera agrícola, ganadera, minera y su expansión en zonas boscosas de frontera con la consiguiente deforestación. Cada una de ellas atrae fondos e involucra actividades industriales y comerciales (Salvador 2021).

Si bien, el financiamiento climático ayuda para enfrentar los efectos del cambio climático, también es cierto que las afectaciones negativas son cada vez más frecuentes e intensas; por lo que, abordar el cambio climático será cada vez más oneroso mientras los países y las industrias continúen retrasando la reducción de los GEI. A pesar de que existe la disponibilidad financiera, el reto radica en que el volumen del financiamiento no será suficiente para las necesidades de los países en desarrollo. Resulta urgente replantear el financiamiento climático como parte integral de un nuevo modelo de producción e inserción global, esto se traduce en un llamado a terminar con un modelo de vinculación centrado en obtener ganancias a corto plazo que desestima los costos sociales y ambientales, lo que implica generar valor desde otra perspectiva centrado en productos no maderables, en la agricultura sostenible y en la reducción o, al menos, no la ampliación de las actividades extractivas (Cabral y Bowling 2014).

4.2. Fondos Financieros bajo la CMNUCC

Son pocos los países que aportan más del 80 % del financiamiento internacional: Noruega, Alemania, Reino Unido, Australia y los Estados Unidos (Olesen, et al. 2018). Los fondos multilaterales gestionados por el BM, el GCF, el GEF y el programa ONU-REDD son responsables de la distribución de aproximadamente un tercio del financiamiento público internacional (Norman y Nakhooda 2015). Los fondos se utilizan para cubrir los costos de transacción, información, aplicación, ejecución y seguimiento y los costos directos de las actividades de REDD+ (Vatn y Vedeld 2011). Para efecto de la presente investigación se evaluará las acciones realizadas por los fondos GCF y GEF.

4.2.1. Fondo Verde del Clima (GCF)

El GCF, creado en el año 2010, es un organismo operativo del mecanismo financiero de la CMNUCC, considerado como una fuente clave a nivel global y uno de los mayores fondos de ayuda para los países en desarrollo. Entidad jurídicamente independiente, cuya finalidad es reducir los GEI, mejorar la capacidad de resiliencia al cambio climático y consolidar los objetivos del AP. Inició la movilización de fondos financieros en el año 2014, captó compromisos de 43 países contribuyentes por un monto de

USD 10.300 millones provenientes principalmente de los países desarrollados y otras regiones. Adquirió autoridad para tomar decisiones sobre el financiamiento a mediados del año 2015, convirtiéndose en el fondo multilateral para el clima más cuantioso con probabilidades de dirigir montos aún mayores. Sus actividades alineadas en función a las prioridades de los países en desarrollo, especialmente de los más vulnerables, las realiza a través del Principio de Propiedad Nacional (PPN)[17] para lo cual estableció una modalidad de acceso directo de financiamiento y así evitar la presencia de intermediarios internacionales. Su accionar se basa en el uso de la inversión pública para estimular la inversión privada y gestionar su cartera de proyectos a través de organizaciones asociadas conocidas como Entidades Acreditadas (GCF 2019).

Los países en desarrollo que son parte la CMNUCC pueden acceder al apoyo del GCF para desarrollar actividades de REDD+ a través del Programa de preparación de proyectos y del Financiamiento regular del ciclo de proyectos, esto les permitirá recibir PPR y llevar a cabo sus acciones para combatir el cambio climático. Aunque el financiamiento se centra en la reducción de los GEI, también se orientan recursos para la adaptación entre los que se incluyen el incremento de la resiliencia de los ecosistemas, la mejora de los medios de vida de las comunidades de las regiones más vulnerables y la mejora de la seguridad alimentaria y del agua (GCF 2018a).

Para el objetivo de distribución de PPR en el año 2017, se puso en marcha un plan piloto mediante el cual se destinó USD 500 millones a los países

[17] "La propiedad del país y un enfoque de país son las principales claves del fondo y acordó que los países receptores deben designar una autoridad nacional designada (NDA) o punto focal. Las NDA estarán a cargo de la supervisión del programa, la implementación del procedimiento de no objeción, asegurar la coherencia y consistencia en todas las propuestas de financiación y actuar como puntos focales para la comunicación del Fondo" (Sean 2013).

que cumplen los requisitos del SMRV implementados por la CMNUCC para reducir las emisiones de los GEI provenientes del uso de la tierra y del cambio en el uso de la tierra. Actualmente cuatro países han recibido pagos por el equivalente a USD 229 millones basados en PPR de REDD+, por la reducción de emisiones aproximada de 45 MtCO2eq. Brasil con USD 96.5 millones, Chile con USD 63,6 millones, Paraguay con USD 50 millones y Ecuador con USD 18.6 millones por alrededor de 3,6 MtCO2eq evitadas durante el año 2014 (CMNUCC 2021).

Ha transcurrido más de una década desde que el GCF viene invirtiendo miles de millones en financiación pública para el clima pero la tasa de deforestación sigue alta, sobre todo en los países que han recibido más financiación. Por ejemplo, en Brasil, en el bienio 2014-2015 el gobierno estableció que los resultados de la conservación ambiental serán revertidos sino existe un pago continuo por parte del GCF. Esto significó que el fondo debía establecer un compromiso financiero indefinido con el país para que mantenga sus bosques en pie que al final fueron quemados en el año 2019, áreas deforestadas intencionalmente para terminar en procesos de expansión agrícola; fueron recursos destinados en vano y no en soluciones reales que ocasionó gran destrucción para las comunidades, los ecosistemas, la biodiversidad y el planeta (Lovera-Bilderbeek 2019). De igual manera, Colombia e Indonesia en el año 2020 recibieron por parte del GCF USD 130 millones como PPR pero los pueblos y comunidades indígenas siguen ignorados y con alto riesgo de deforestación en otras zonas en la medida que se despejan tierras para la expansión de aceite de palma, minería y extracción de otras materias primas (Biondi 2020).

El GCF debería rechazar solicitudes de financiación de REDD+ por PPR en referencia a la reducción de deforestación de años anteriores, no debería recompensar a los gobiernos que siguen participando y promoviendo la deforestación a gran escala porque estaría ignorando la creciente tasa de deforestación de países a los que financia. Por ejemplo, los gobiernos de Colombia e Indonesia siguen entregando concesiones petroleras, mineras y proporcionando incentivos a las industrias privadas y a la agroindustria que destruyen los bosques con la implementación de infraestructuras que exigen estas industrias (Lohmann 2020).

4.2.2. Fondo para el Medio Ambiente Mundial (GEF)

El GEF es una asociación para la cooperación internacional y se estableció en el año 1991 para abordar los acelerados problemas ambientales como el plan piloto del BM. Desde entonces se ha constituido en uno de los mayores financiadores de proyectos en biodiversidad, cambio climático, aguas internacionales, degradación de la tierra, agotamiento de la capa de ozono, contaminantes orgánicos persistentes, productos químicos y desechos. Conformado por una esfera mundial de 183 países, ONG, instituciones internacionales y el sector privado, ha proporcionado más de USD 21.000 millones en subvenciones, ha canalizado más de 5.000 proyectos en 170 países por un monto de USD 114.000 millones y ha brindado apoyo a 133 países mediante donaciones orientadas a más de 25.000 iniciativas de la sociedad civil y la comunidad (GEF 2020).

La asignación de recursos se realiza con múltiples enfoques, uno de ellos es el cambio climático en función de los recursos utilizados sobre resultados, asegurándose de que los países en desarrollo reciban su parte de financiamiento. Desde el año 2014 al 2018, se han comprometido 30 países donantes para aportar USD 4.430 millones para las actividades de REDD+. Para el año 2017, los proyectos de cambio climático representaron aproximadamente el 29 % de los fondos acumulados que equivale a USD 4.700 millones que lo define como una gran fuente multilateral de financiamiento de actividades relacionadas al cambio climático (Bird, Watson y Schalatek 2017).

Uno de los postulados del GEF es dirigir sus inversiones para impulsar un cambio transformador en los sistemas que son generadores de pérdidas ambientales como energías y alimentos (GEF 2020). Sin embargo, las decisiones administrativas de la coordinación de los proyectos están organizadas sin tener en cuenta las relaciones y realidades sociales del territorio donde se aplican, las prácticas "sostenibles" de producción las concentran en territorios de paisajes productivos donde no promueven cambios en la dinámica del modelo de producción que se viene desarrollando (Ordenavía, Bernal y Narváez 2021)

El GEF como un actor político internacional dedicado al financiamiento ambiental tiene como enfoque la conservación de la biodiversidad basada en una lógica económica y diseña sus estrategias en función de sus intereses que pueden o no coincidir con las prioridades ambientales de los países donde participa. Elabora sus estrategias mediante una valoración de la naturaleza como "proveedora de servicios ecosistémicos" por ello su mayor financiamiento está orientado hacia la biodiversidad (Lorenzo 2016). La dirección del GEF ha estado bajo el control del BM y de la directiva de los países donantes, con fuertes restricciones de información, esta connotación ha tenido gran incidencia en los proyectos donde el fondo interviene externalizando sus intereses económicos y subsidiando a las corporaciones responsables de la contaminación (Overbeek 2020).

4.3. Lecciones aprendidas del financiamiento para REDD+

Desde el año 2008, se han comprometido USD 4 mil millones para fondos multilaterales para el clima que apoyan las iniciativas de REDD+. A pesar del gran interés que tienen los mecanismos basados en el mercado de invertir, el futuro es incierto. Desde el mismo año, en términos acumulados se han asignado USD 2.400 millones para actividades de REDD+, de los cuales se aprobaron USD 260 millones en el año 2018. Los fondos multilaterales para el clima continuamente financian proyectos que apoyan a la mitigación y adaptación, el GCF ha aprobado al menos cinco proyectos relacionados con los bosques y el uso de la tierra. Se han observado cambios en la estructura de REDD+ y crecientes esfuerzos para que los países en desarrollo adopten programas de reducción de los GEI con PPR. El financiamiento multilateral para Latinoamérica se registra en USD 1.200 millones que equivale al 52 %, alrededor de un tercio del financiamiento total aprobado se concentra en Brasil con el 34 % (Watson y Schalatek 2019).

Noruega es el mayor contribuyente de financiamiento a fondos multilaterales para actividades REDD+ cuyo aporte representa el 57 % del monto total comprometido (Watson y Schalatek 2019). Noruega ha contribuido a la mitigación del cambio climático, ha invertido en más de 40 países e instituciones influyentes como el BM, PNUD, Organización de las Naciones Unidas para la Agricultura y la Alimentación (FAO), grupos conservacionistas y en centros de investigación forestal; su inversión le permitió comprar el apoyo de estos sectores para el programa y asegurarse que se incluya REDD+ en el texto del AP en el año 2015 (Lovera-Bilderbeek 2019).

Los dueños y usuarios de los bosques representan una multiplicidad de actores, acciones e intereses que en el proceso se han conceptuado como un grupo homogéneo pero la realidad es otra. Igual connotación se ha dado a los donantes que también responden a una variedad de intereses. El aporte financiero de REDD+ es PPR, una fase compleja de implementar y cuyos desafíos se resume en a quién pagar (gobiernos, empresas, pueblos indígenas, comunidades locales), bajo qué condiciones, a cambio de qué y cómo establecer los niveles de referencia. Al respecto, no existe una metodología definida que estime los posibles resultados, lo que ha llevado a entender o interpretar de diferentes maneras en función de intereses monetarios, políticos y sociales provocando incertidumbre por la información sesgada y manipulación en beneficio propio (Angelsen, Hermansen, et al. 2019a).

Además, los factores políticos dificultan el funcionamiento de los PPR que han dado lugar a interpretaciones diversas de lo que son los resultados. Si bien los pagos se basan en reducción de emisiones comprobadas y logradas en el pasado, los países beneficiarios podrían traducirlos a una recompensa a sus esfuerzos, en tanto que los donantes esperan que estos recursos financieros se reinviertan en estrategias para reducir las emisiones de los GEI a futuro (Angelsen, Hermansen, et al. 2019a).

Cabe recordar que la supuesta reducción de las emisiones de los GEI es "el resultado de la comparación de la tasa de deforestación real con la línea base, derivadas de proyecciones hipotéticas de deforestación futura o de promedios de emisiones pasadas durante los periodos de máxima deforestación" (Lohmann 2020). Es probable que los reportes de las reducciones de los GEI solo queden en informes, los gobiernos pueden reportar un periodo en el que afirman que ha existido reducciones y establecer los Niveles de Referencia de Emisiones Forestales (NREF) con los que comparan la deforestación, lo que puede dar lugar a cálculos fraudulentos favorables para el país para obtener PPR (Lohmann 2020).

La experiencia de más de una década ha demostrado que las políticas adoptadas no han estado dirigidas exclusivamente a realizar PPR, se hará aporte de recursos si el bosque es destruido. REDD+ resultó ser un mecanismo más abstracto, que utilizando herramientas abstractas de financiamiento moviliza fondos para actividades que secuestran o conservan emisiones de carbono en sistemas forestales y agrícolas, y promueven el comercio de los servicios ecosistémicos, así se transforma en un promotor de la inclusión de los bosques en los mercados de carbono (Kill 2014).

La efectividad del mecanismo ha sido objeto de controversias porque no hay una forma de garantizar la conservación de los bosques de manera permanente (Lovera- Bilderbeek 2019). El argumento central es mantener los bosques en pie que valen más que talados y que se realicen pagos a través de los gobiernos, ONG y/o empresas que son los responsables de la deforestación y los principales beneficiarios de recibir los fondos destinados para evitar los daños ambientales. Lo ideal sería que estos fondos se destinen a los pueblos y comunidades indígenas que conservan el bosque que ya está conservado y no son reconocidos sus derechos de gobernanza. Disminuir el gasto millonario en consultorías que preparan metodologías, en empresarios y ONG conservacionistas que aplican intrincados planes de REDD+, en iniciativas piloto y proyectos modelo; mientras que otros se encargan de certificar las aplicaciones de los primeros consultores (Angelsen, Hermansen, et al. 2019a).

5. Mecanismo REDD+ Ecuador

Ecuador es uno de los países megadiversos reconocido a nivel mundial. Gracias a su ubicación y sus regiones geográficas es un laboratorio natural para la investigación y proveedor de alimentos, medicinas y materias primas; concentra una parte de la riqueza de la biodiversidad del mundo y es hogar de innumerables especies de flora y fauna. Con una superficie total de 256.370 km2 que incluye la superficie continental e insular.

Ecuador continental, por su ubicación geográfica dentro de la Cordillera de Los Andes, está dividido por una doble cadena montañosa que define tres regiones diferentes: Costa, Sierra y Amazonía; cada una de ellas con una gran variedad de climas, suelos, paisajes y biodiversidad. La región continental está cubierta por distintos tipos de bosques cuyas características dependen del clima y del tipo del suelo. La región insular tiene una extensión de 799.540 ha. de superficie de tierra, cuenta con una gran cantidad de animales y variedad de plantas endémicas que dependen de la proximidad del mar, se caracteriza por tener especies únicas tanto terrestres como marinas (Ulloa y Sierra 2019).

De igual manera, las condiciones naturales del Ecuador varían según el espacio, elevación, condiciones ambientales y características generales de sus ecosistemas. La diversidad de su riqueza arbórea es amplia y el impacto humano en cada una de sus regiones ha sido severo. Por ejemplo, se estima que más del 60 % del área del Bosque Deciduo de la Costa ha sido destruida por la actividad humana, fundamentalmente por la agricultura y ganadería. En el Bosque Húmedo Tropical del Chocó, la degradación antropogénica es alta, registra casi el 75 % del bosque destruido, es la región más amenazada por la deforestación con el 74,1 % de daño. El Bosque Piemontano Occidental, en las estribaciones occidentales de los Andes, el 52,1 % ha sido deforestado. El Bosque Montano Occidental ubicado entre la hoya del río Mira y las hoyas de los ríos Chanchán y Chimbo, casi la mitad de su área ha sido también deforestada (Ron 2020). Ante el problema, Ecuador ha realizado varias actividades en materia de conservación de bosques y reducción de los GEI a través de instrumentos como el PSB, el Plan Nacional de Mitigación que es parte de la ENCC y otros.

5.1. Breve descripción del Programa Socio Bosque

Mientras se estaba desarrollando y negociando en la CMNUCC el concepto de REDD+, Ecuador ya realizaba esfuerzos innovadores para mantener la cubierta forestal a través del PSB, actualmente proyecto, con la participación de varios actores, el objetivo es conservar el valor ecológico, económico y cultural de los bosques nativos, reducir los GEI, proveer de recursos financieros a la población empobrecida de las zonas rurales y mantener otros servicios ecosistémicos aparte de la captura y el almacenamiento de carbono. Bajo este esquema el gobierno priorizó zonas para suscribir convenios de conservación (Guedez y Guay 2018). El PSB se enfocó en asegurar que el bosque mantenga su carácter original y funciones ecológicas, lo que permitió ubicar a Ecuador como uno de los países pioneros que instrumentó iniciativas de pago por la conservación del bosque en su totalidad (Flores Aguilar, et al. 2018).

El PSB se desarrolló por la relevancia que tienen los bosques nativos. El 88 % del 1,3 Mha. incorporado al programa son propiedad de los pueblos, comunidades indígenas y de otros grupos colectivos que participan. Se incluyó a socios individuales para aumentar la superficie bajo conservación; sin embargo, la falta de clarificación de la tenencia de la tierra dificultó la proyección a largo plazo para incorporar más hectáreas al programa de conservación (Ministerio del Ambiente 2020).

Como resultado de esta iniciativa, Ecuador ha protegido más de 1,6 Mha. que corresponde al 6,3 % de la superficie del país y equivale al 10,7 % del área remanente de bosques nativos y páramos naturales existentes (PNUD 2019), se ha determinado que el PSB ha aportado en la disminución de la tasa de deforestación a nivel nacional (Ministerio del Ambiente 2020).

De acuerdo a la información oficial del PSB, el país en el año 2009 tenía una cobertura boscosa de aproximadamente 13.038.367 ha., lo que representa el 52 % de la superficie estimada en 24.836.000 ha., de las cuales, el 80 % se encuentran en la Región Amazónica, el 13 % en la Costa y el 7 % en la Sierra, que incluye varios tipos de bosque, entre ellos: bosque húmedo tropical, bosque montano, bosque andino de altura y bosque seco. En el año 2014, la superficie boscosa alcanzaba las 12.753.387 ha. esto es aproximadamente el 51% de la superficie del país, lo que significa que ha existido una deforestación neta promedio de alrededor de 47.497 ha/año, cifras significativas. Del total, alrededor del 40 % son bosques existentes que están dentro del Sistema Nacional de Áreas Protegidas (SNAP) y el 60 % restante está en manos de propietarios individuales, comunas y comunidades indígenas (Ministerio del Ambiente 2019).

En el año 2017, la superficie total de Áreas Bajo Conservación (ABC) del PSB alcanzó un total de 1.629.678 ha., superficie relevante. Esta aclaración se realiza porque existe un traslape de áreas de conservación de socios con áreas protegidas por el Estado equivalente a 297.961,28 ha. Independientemente del traslape, el convenio de los socios que están dentro de bosques protectores o áreas protegidas, se afirma el compromiso de conservación por el incentivo que reciben (Ministerio del Ambiente 2019).

El problema aún mayor es que en el interior de las áreas de protección se realizan actividades extractivas de recursos no renovables como el petróleo, minería, extracción ilegal de madera e inclusive la deforestación de manglares para construir piscinas de cría de camarón que han afectado las reservas ecológicas de manglares y vida silvestre, sin considerar la prohibición establecida en la Constitución y en la Ley Forestal y de Conservación de Áreas Naturales y Vida Silvestre (Moreano 2012). Los impactos ambientales de las actividades extractivas imposibilitan cualquier otra actividad productiva en las regiones afectadas, desplazando a los pueblos y comunidades existentes, despojándolas de sus medios de subsistencia, cultura y formas de vida.

A través del PSB el país ha conservado 1,6 Mha. aunque todavía no es suficiente. El Ministerio del Ambiente como organismo intermediario infringe el convenio de los pagos, tiene retrasos e inclusive ha dejado de pagar, lo que representa una amenaza a los objetivos de conservación. El incumplimiento podría aumentar la tala ilegal, la invasión de tierras y la expansión ilegal de la frontera agrícola. El Estado debe cumplir sus compromisos, solventar los problemas de organización y sostenibilidad financiera que son una amenaza para el programa (Montaño 2021).

Los incentivos como estrategia directa para la conservación de los bosques ubican al PSB como el programa que paga un incentivo monetario (p/ha. semestral o anual) a los propietarios de los bosques que desean conservarlos a través de un "convenio voluntario" y mediante la firma de un contrato por veinte años diseñado bajo condicionamientos jurídicos cuya terminación anticipada está ligada a una serie de sanciones de orden penal, civil y administrativo (Granda y Yánez 2017).

Uno de los requisitos para inscribirse en el PSB es que las comunidades deben poseer títulos de propiedad comunal y parte de sus ingresos deben utilizarse para demarcar y proteger las tierras inscritas, incluye la colocación de señalización o linderos alrededor de la propiedad (Hayes, Murtinho y Hendrik 2017). Esto permitió al PSB fortalecer la seguridad de la tenencia y reducir los conflictos por la tierra, utilizando como herramienta la demarcación o definición de los linderos de la propiedad que influyó en la formalización de la tenencia de la tierra (Jones, et al. 2020).

Las comunidades y poblaciones dependientes de los bosques que deciden ser socios se comprometen a preservar el ecosistema intacto, pueden extraer productos para su autosustento pero no para comercializar, en ningún caso pueden clarear una porción de bosque para la siembra y deben cuidar las zonas de protección, en la práctica se convierten en guardabosques de sus bosques. Sin embargo, en los contratos no hay prohibición para realizar actividades extractivas industriales, "si el estado encuentra petróleo o minerales en un terreno inscrito en Socio Bosque, puede explotarlo sin impedimentos" (Moreano 2014).

Los pagos a las comunidades por conservar los bosques han sido controversiales, la conservación es una actividad inherente a ellos, resultado de su trabajo son los millones de hectáreas de bosques en pie. El pago a tergiversado el sentido de la protección de sus medios de subsistencia y ha monetarizado a la naturaleza, a cambio, las comunidades han hipotecado sus territorios y puesto en riesgo su soberanía alimentaria. Además, los recursos económicos que reciben deben ser invertidos en

proyectos que son aprobados por el Estado, por ejemplo, en tareas de control y vigilancia, mejoramiento de infraestructura comunitaria, señalamiento de linderos y fomento productivo cuyos resultados deben ser informados periódicamente. Por otro lado, hubo convenios que tenían riesgos mínimos y en muchos casos nulos de deforestación, esto llevó a pensar que sin el PSB, los bosques igual se conservarían sin necesidad de los recursos económicos que los incentiven. Estos resultados limitaron los alcances del programa con baja adicionalidad[18] (Castellano 2010).

Pese a las buenas intenciones del PSB existen criterios diametralmente

[18] La adicionalidad define el riesgo de que la reducción de las emisiones de carbono se produzca incluso sin pagos (Atmadja y Louis 2012).

opuestos. Organizaciones indígenas y ambientalistas del país han mostrado su preocupación a ciertas cláusulas sobre los derechos colectivos en los convenios firmados. El PSB se tradujo a una forma impositiva de conservación de los recursos forestales sin reconocer los derechos a un manejo sustentable de los mismos en función de las necesidades de los pueblos y comunidades indígenas. La gran cantidad de obligaciones referente a la conservación y protección de los ecosistemas está en manos de las comunidades, en tanto que el Ministerio del Ambiente no tiene obligación frente a la conservación y protección forestal pero tiene facultades para terminar el convenio de forma unilateral (Gonzáles 2011).

Si bien es cierto el PSB reconoce el papel de los pueblos, comunidades indígenas y otras poblaciones dependientes de los bosques, en la conservación de la biodiversidad y en la protección de los servicios ecosistémicos; sin embargo, afecta a los derechos colectivos limitando a las comunidades al acceso y uso tradicional de sus bosques, agudizando con más amenazas a su sobrevivencia. Frente a esto se requiere de una estrategia integral que incluya un plan de trabajo en varios escenarios nacionales e internacionales con el apoyo de entidades comprometidas con los recursos naturales, los derechos humanos y la salud del planeta (Warmikuna 2016).

RESULTADOS

FALENCIAS DE REDD+ EN TÉRMINOS DE EFICACIA, EFICIENCIA Y EQUIDAD

Este capítulo hace referencia al proceso que Ecuador ha realizado para la implementación del mecanismos REDD+. Se analiza la gestión de los proyectos del Programa Integral Amazónico de Conservación de Bosques y Producción Sostenible (PROAmazonía) con fondos climáticos bajo la CMNUCC. Con la información obtenida de las entrevistas a académicos, especialistas en materia ambiental y expertos en financiamiento climático se elabora una evaluación del uso de los fondos financieros destinados a REDD+ y se valora los criterios 3E+ a través de las variables seleccionadas.

1. Financiamiento climático en Ecuador

En el año 2016, Ecuador oficializó la fase de implementación de REDD+, el Ministerio del Ambiente expidió el Plan de Acción REDD+ Ecuador "Bosques para el Buen Vivir" 2016-2025 (PA REDD+) como un conjunto de líneas estratégicas para promover acciones de mitigación del cambio climático. El mecanismo financia programas orientados a la reducción de la deforestación mediante estrategias de evaluación y seguimiento a través de los Niveles de Referencia de Emisiones Forestales (NREF)[19], el Sistema de Monitoreo, Reporte y Verificación (SMRV) y el Sistema de Información de Salvaguardas (SIS)[20] (Ministerio del Ambiente 2019b).

[19] Los Niveles de Referencias de Emisiones Forestales (NREF) es una herramienta metodológica a partir de la cual se establece la línea base donde se contabiliza las emisiones reducidas producto de la implementación de REDD+ (PNUMA 2018b).

[20] El Sistema de Información de Salvaguardas (SIS) es el mecanismo a través del cual se reporta la implementación de las salvaguardas sociales y ambientales en terreno, se las denomina abordadas y respetadas (PNUMA 2018b).

En la elaboración del PA REDD+ se destacan dos fuentes de financiamiento para los proyectos ambientales. El primero con recursos de la cooperación internacional y de fondos climáticos dirigidos al Programa Integral Amazónico de Conservación de Bosques y Producción Sostenible (PROAmazonía), Pago por Resultados (PPR) y al Programa REDD+ Early Movers (REM); y, el segundo con fondos fiscales destinados al Programa Socio Bosque (PSB), a la Agenda de Transformación Productiva de la Amazonía (ATPA), Control Forestal y al Proyecto de Restauración (Ministerio del Ambiente 2019b).

En el año 2017, bajo la iniciativa del Ministerio del Ambiente, el Ministerio de Agricultura y Ganadería (MAG), el PNUD y con financiamiento de los fondos GCF y GEF se implementa PROAmazonía como una iniciativa gubernamental cuyo compromiso es implementar acciones y políticas ambientales para disminuir la deforestación y promover el manejo sostenible e integrado de los recursos naturales. El PNUD es el responsable de la gestión financiera de los recursos de los fondos por su experiencia en la administración, asistencia técnica y ejecución de los proyectos. PROAmazonía tiene como objetivo vincular los esfuerzos nacionales para reducir los GEI por deforestación, el crecimiento de la frontera agrícola y ganadera, fortalecer los esfuerzos de mitigación, adaptación y la protección a los bosques, reducir los niveles de la pobreza; y, lograr el desarrollo humano sostenible (PROAmazonía 2021a).

PROAmazonía trabaja en la Amazonía Norte en 25 paisajes[21] en 8 provincias, estas son: cinco paisajes en Sucumbíos, cinco en Orellana,

---

[21] "Paisaje es cualquier parte del territorio tal como la percibe la población, cuyo carácter es el resultado de la acción y la interacción de factores naturales y/o humanos. Cada uno de los atributos que componen un paisaje, se pueden clasificar por elementos bióticos como vegetación, fauna, usos del suelo, relieve, agua, etc. De la combinación de todas ellas se configura el paisaje" (PNUMA 2018).

cinco en Morona Santiago, cuatro en Pastaza, dos en Zamora Chinchipe, dos en Loja, uno en Napo y uno en El Oro. Los criterios de priorización para la definición de estos paisajes están relacionados con áreas de mayor riesgo de deforestación, áreas de importancia para el mantenimiento de los recursos hídricos y la biodiversidad (conectividad) y áreas de importancia para la reducción de la pobreza y diversificación de la economía rural (PROAmazonía 2021a).

PROAmazonía se financió con fondos no reembolsables del GCF y GEF hasta el año 2023 y cuenta con un presupuesto total de USD 145.8 millones. De los mismos, USD 53.6 millones fueron entregados en dinero y USD 92.2 millones se colocaron como contraparte en especies (sueldos y salarios, pago a beneficiarios del PSB, arriendos, equipos e insumos) (PROAmazonía 2021a).

Según Patricia Serrano, gerente de PROAmazonía, sostiene que: "el programaapunta a la convergencia de la agenda ambiental y productiva del país para generar oportunidades y promover la participación plena y efectiva de los pueblos y comunidades indígenas, mujeres y jóvenes en la toma de decisiones de los procesos encaminados hacia la sostenibilidad" (P2). Enfatiza que en la estrategia financiera del PA REDD+: "existe una brecha financiera para ejecutar todo el plan, PROAmazonía implementa una parte del plan" (P2) pero hace falta más recursos económicos, se deben buscar otras alternativas para apalancar más fondos climáticos que permitan continuar con el plan (P2).

Agrega Francisco Moscoso, Especialista Técnico en Monitoreo y Seguimiento de PROAmazonía, que los fondos obtenidos de los presupuestos comprometidos, tanto de los financiados por la cooperación internacional como de la ejecución presupuestaria con recursos fiscales para el periodo 2020-2025 han determinado que: "la brecha de financiamiento es de un valor aproximado de USD 333 millones que representa más de la mitad del costo total que tendría el PA REDD+ cuyo monto aproximado es de USD 670 millones para dicho periodo" (P1). Por el lado de la NDC, el escenario condicional es el plan, por consiguiente se necesita gestionar financiamiento por cualquier vía para cumplir con las metas trazadas: "se debe trabajar en la sostenibilidad económica para continuar con las acciones, esta es una de las razones por las que se está incluyendo a los gobiernos locales en la implementación de REDD+" (P1). Tal el caso del gobierno provincial de Pastaza que ha elaborado su plan de implementación a nivel provincial anclado al PA REDD+ y se ha incorporado al grupo de trabajo por el clima (P1).

2. Fondos bajo la CMNUCC

El aporte del GCF está dirigido a cofinanciar el PA REDD+ como un conjunto de líneas estratégicas para promover acciones de mitigación al cambio climático. Con aproximadamente el 26% del presupuesto, ayuda a garantizar que los instrumentos financieros estén alineados con los objetivos del PA REDD+ y controlar la expansión agrícola en las zonas forestales (GCF 2020).

Los fondos están destinados al proyecto denominado "Promoción de instrumentos financieros y de planificación del uso del suelo para la reducción de emisiones y deforestación", que tiene un monto aprobado de USD 41.2 millones. El plan de financiamiento del proyecto se muestra en la Tabla 2. La inversión del GCF cubre el 16.4 % de las necesidades financieras del proyecto (GCF 2020).

Plan de Financiamiento GCF

FINANCIAMIENTO	MONTO	MONTO TOTAL
GCF Fondo Fiduciario		41.172.739
Cofinanciamiento Total		42.835.908
Ministerio del Ambiente	31.755.550	
Ministerio de Agricultura	8.490.000	
FAO	820.900	
PNUD	1.769.458	
MONTO TOTAL		84.008.647

Tabla 2. Plan de Financiamiento GCF
Fuente: GCF 2020a
Elaboración propia

El fondo del GEF a través de la articulación de políticas intersectoriales y gubernamentales destina su inversión al proyecto denominado "Manejo integrado de paisajes de uso múltiple y alto valor de conservación para el desarrollo sostenible de la región amazónica ecuatoriana". El proyecto tiene un monto aprobado de USD 12.5 millones y se ejecuta mediante el trabajo coordinado entre el MAATE y MAG, con una línea de tiempo desde el año 2017 al 2023. El plan de financiamiento del proyecto financiado por el GEF se desglosa en la Tabla 3 (GEF 2019).

La inversión del fondo GEF para el proyecto es de USD 12.5 millones más un aporte paralelo de USD 49.3 millones por parte del gobierno, PNUD, ONG, sector privado, academia y el Banco de Desarrollo Internacional, con un total de USD 61.8 millones. El cumplimiento del cofinanciamiento es monitoreado por el PNUD y reportado al GEF (GEF 2019).

Plan de Financiamiento GEF

FINANCIAMIENTO	MONTO	MONTO TOTAL
GEF Fondo Fiduciario		12.462.500
Cofinanciamiento Total		49.338.351
Gobierno	34.347.440	
PNUD	1.000.629	
ONG	3.600.000	
Sector Privado	1.986.008	
Academia	4.453.804	
Banca de Desarrollo Internacional	3.950.470	
MONTO TOTAL		61.800.901

Tabla 3. Plan de Financiamiento GEF
Fuente: GEF 2019
Elaboración propia

A partir del año 2020, PROAmazonía ha intensificado sus acciones en territorio, superando los obstáculos ocasionados por la pandemia, con el fin de alcanzar los logros establecidos. En un inicio el presupuesto del Programa se estructuró por componentes pero desde el año 2022 se realizaron modificaciones para desagregar los presupuestos y visibilizar las intervenciones por provincias.

David Romo, director del Programa de Diversidad Étnica de la Universidad San Francisco de Quito USFQ, manifiesta que las actividades que abarca el proyecto exigen una alta inversión financiera y hay una brecha entre los presupuestos programados, ejecutados y comprometidos: "desde el inicio del proyecto la gestión ha sido lenta, el proceso de aprobación llevó mucho tiempo desde junio del año 2017 hasta el primer trimestre del año 2018"

(A2). Además, agrega que la sostenibilidad del proyecto es intermedia considerando la situación económica, los riesgos políticos y sociales del país: "no existe un empoderamiento del programa por parte de los Ministerios, esto ha sido un inconveniente para el logro de los resultados" (A2).

3. Variables de análisis

REDD+ entre sus objetivos busca reducir las emisiones de los GEI al menor costo posible y contribuir al desarrollo sostenible, con esta premisa, ¿es posible evaluar el mecanismo considerando estos tres criterios?, ¿Está REDD+ alcanzando las metas de reducción de emisiones de los GEI - eficacia?, ¿Se ha cumplido esta meta a un costo mínimo - eficiencia?, ¿Cuáles son las consecuencias en términos de distribución y cobeneficios - equidad? (Angelsen y Wertz-Kanounnikoff 2009). Para responder estas preguntas es necesario ahondar el alcance de los criterios 3E+.

Según Arild Angelsen, Profesor de economía en la Norwegian University of Life Sciences (NMBU): "son pocos los estudios que analizan el impacto de las iniciativas locales de REDD+ en los bosques debido a los retos financieros, metodológicos, políticos y de información y que exigen evaluar las 3E+. Los proyectos y programas locales de REDD+ suelen incluir una combinación de intervenciones a través de incentivos y medidas de apoyo" (A1). Agrega que: "los incentivos se utilizan para reducir la deforestación, en tanto que las medidas de apoyo -condicionadas o no a resultados- se utilizan para ayudar a minimizar las compensaciones entre el carbono y los resultados de bienestar" (A1).

Para la evaluación del financiamiento climático de los proyectos del mecanismo REDD+ Ecuador bajo los criterios 3E+ la investigación se apoyó en: 1. la tasa de deforestación para valorar la eficacia y eficiencia; 2.

la participación de stakeholders y 3. la tenencia de la tierra para valorar la equidad.

3.1. Tasa de Deforestación

Los resultados de la deforestación y regeneración forestal (Tabla 4), según los datos históricos promedios y tasas anuales muestran que la deforestación neta (diferencia entre la deforestación bruta y la regeneración) ha disminuido en el periodo 1990-2018; sin embargo, en el periodo 2018-2022 se ha incrementado significativamente.

Tabla4. Cobertura vegetal y la tasa de deforestación 1990-2022

AÑO	DEFORESTACIÓN BRUTA ANUAL PROMEDIO (ha/Año)	REGENERACIÓN BRUTA ANUAL PROMEDIO (ha/Año)	DEFORESTACIÓN NETA ANUAL PROMEDIO (ha/Año)	TASA ANUAL DE DEFORESTACIÓN BRUTA (%)	TASA ANUAL DE DEFORESTACIÓN NETA (%)
1990-2000	129.943	37.201	92.742	-0.93	-0.65
2000-2008	108.666	30.918	77.748	-0.82	-0.58
2008-2014	97.918	50.421	47.497	-0.77	-0.37
2014-2016	94.353	33.241	61.112	-0.74	-0.48
2016-2018	82.529	24.100	58.429	-0.66	-0.46
2018-2020	91.692	4.158	87.535	-0.75	-0.76
2020-2022	95.570	2.547	93.023	-0.78	-0.76

Tabla 4. Cobertura vegetal y tasa de deforestación 1990-2022
Fuente: MAATE 2022
Elaboración propia

A nivel regional, estas cifras en términos de extensión total deforestada ubican al país en el quinto lugar después de Brasil, Bolivia, Perú y Colombia. Ecuador por su tamaño territorial, pierde sus bosques a mayor velocidad por la expansión de la frontera agrícola y ganadera, el desarrollo de infraestructura, la explotación minera y de hidrocarburos y la extracción de recursos madereros (Paz Cardona 2022).

En Ecuador más del 50 % de los bosques se encuentran en la Amazonía Central, en la Costa Norte y en otras zonas tropicales (Ministerio del Ambiente 2020a). Para el año 2018 la región natural menos deforestada fue la región Amazónica con una remanencia de aproximadamente el 83 % del área forestal original, cerca del 48 % del área forestal natural original se ha mantenido en la región andina y alrededor del 27 % de la remanencia original se registra en la Costa (Sierra, Calva y Guevara 2021).

Los principales focos de deforestación se encuentran en el Chocó-Darién y en la cuenca amazónica. El Chocó-Darién, conocido por ser una de las zonas más ricas en biodiversidad y por tener alta tasa de endemismo, está altamente deforestado en el lado ecuatoriano (Fagua, Baggio y Ramsey 2019). La amazonia central, en comparación con el Chocó-Darién, presenta una menor tasa de deforestación pese a que también ha experimentado una constante disminución de sus bosques (Ministerio del Ambiente 2020a). También preocupa la tasa de deforestación de algunas áreas protegidas, por ejemplo, la reserva ecológica Mache-Chindul, ubicada en la costa ecuatoriana que ha perdido el 39 % de sus bosques. De mantenerse la actual tasa de deforestación, en un lapso de treinta años se habrán perdido importantes áreas forestales originales (Paz Cardona 2019).

Solo dos de las seis provincias amazónicas del país representa el 46 % que corresponde a las 287.000 hectáreas de toda la deforestación detectada entre los años 2001 y 2020. En Morona Santiago se perdieron más del 25 % del bosque, lo que representa 158.000 hectáreas y, en Sucumbíos cerca del 21 % equivalente a 129.000 hectáreas. En las dos provincias existe la presencia de actividades extractivas como la minería e hidrocarburos. De mantenerse la actual tasa de deforestación, en un lapso de treinta años se habrán perdido importantes áreas forestales originales (Paz Cardona 2022).

Manuel Shiguango, técnico territorial CONFENIAE / ONU REDD+, manifiesta que un motivo de preocupación del proyecto que financia el GEF es:

> El énfasis que se ha puesto en la transformación del sector productivo a través de prácticas sostenibles de manejo forestal, ¿qué tipo de prácticas sostenibles es lo que se pretende introducir? ¿acaso se trata de plantaciones de árboles, confiando en especies de rápido crecimiento como el eucalipto, palma, soja y plantaciones de monocultivo? (C1).

Agrega que se debe trabajar en la restauración de las funciones ecológicas de los bosques: "el tema ausente es la necesidad de reducir el sobreconsumo y la producción industrial de monocultivos destinados a la exportación con graves consecuencias para los pueblos, comunidades y los bosques" (C1). Adiciona que la deforestación y las emisiones de los GEI continuarán si se sigue orientando el financiamiento a la transformación del uso de la tierra en paisajes seleccionados, causando más daños a los pueblos, comunidades y pequeños agricultores (C1).

En este contexto, según Cristina García, oficial del Programa de Bosques y Agua de WWF, indica que: "medir la eficacia y la eficiencia de los proyectos financiados por el GCF y GEF sobre la tasa de deforestación es complicado" (O2). El NREF se encuentra en proceso de revisión, al igual que los resultados oficiales de la dinámica de la deforestación del periodo 2015-2018. Agrega que: "la reducción de los GEI es un proceso complejo que involucra temas políticos, económicos, administrativos, técnicos, sociales, entre otros, no es un programa de infraestructura" (O2). Los resultados más equitativos y duraderos son aquellos donde la población local participa en el diseño y en la ejecución del programa REDD+ (O2).

Patricia Serrano agrega que otro factor que ha dificultado la medición de la eficacia y eficiencia de la tasa de deforestación es que el cálculo del sistema de monitoreo se realiza a nivel nacional y no por proyectos ni por áreas, debido a que el sistema de monitoreo de bosques es nacional. Ante esto: "PROAmazonía en coordinación con el MAATE están elaborando una estimación aproximada de la deforestación anual nacional" (P2).

Ante lo expuesto, se evidencia que los fondos de REDD+ no son eficaces ni eficientes por cualquier fuente que vengan, ya sea por donaciones, subvenciones, canje de deuda o cooperación internacional, porque no se ha logrado reducir la deforestación en los niveles esperados. Si bien es cierto, ha existido disminución en la tasa de deforestación hasta el año 2018; sin embargo, con los proyectos en ejecución, la tasa de deforestación se ha incrementado desde el año 2018 hasta el año 2022. REDD+ no ha podido abordar el problema que se suponía debía resolver: reducir la deforestación, promover la conservación, y el manejo y uso sostenible de los recursos de los bosques del país.

3.2. Participación de stakeholders

El país desde hace más de una década viene trabajando en la preservación de sus recursos naturales, en la orientación y visión de la política pública a través de herramientas para el manejo y la conservación de los bosques, para garantizar el derecho al buen vivir en un ambiente sano y ecológicamente equilibrado para sus pueblos y comunidades locales y sociedad en general. Para ello, el gobierno a través del MAATE direcciona sus esfuerzos mediante la Dirección Nacional Forestal para el cumplimiento de la ley, garantizando el manejo sostenible de los bosques y las actividades relacionadas al aprovechamiento y la comercialización de sus recursos naturales (Ministerio del Ambiente 2011).

El propósito es lograr una gobernanza eficiente que se enfoque en el mantenimiento y restauración de los bienes y servicios ambientales con miras a la conservación de los ecosistemas boscosos y a la biodiversidad. El diálogo multisectorial y la difusión continua de información son aspectos necesarios, no solo para lograr la apropiación de los proyectos y la integración de los diferentes actores sino también para mantener la transparencia en el acceso a la información de todos los procesos (Ministerio del Ambiente 2011).

Se ha generado procesos de construcción conjunta con la participación de representantes de diferentes sectores, estos aportes se encuentran plasmados en instrumentos de planificación y política pública como el Código Orgánico del Ambiente (COA), la Estrategia Nacional de Cambio Climático 2012-2015 (ENCC), la Evaluación Nacional Forestal (ENF), la Estrategia Territorial Nacional (ETN) y el PA REDD+ (Ministerio del Ambiente 2019a).

La gobernanza ambiental es compleja y está dada por la pluralidad de instituciones con diferentes niveles de legalización, pertenencia, alcance jurisdiccional e inclusive con diferentes grados de relación entre ellas. Por lo tanto, la complejidad de la gobernanza del país también se manifiesta en REDD+ por lo que resulta difícil cuantificar y cualificar la eficiencia y equidad (Fariborz, Nielsen y Dubber 2019). El marco institucional y el sistema de gobernanza son dos parámetros que determinan ventajas o limitaciones en la aplicación de los criterios 3E+ (Kambire et al. 2016). Por ejemplo, ante una mayor cantidad de instituciones y procesos, se puede tener más plataformas para la inclusión pero se puede incrementar las deficiencias en la coordinación (Zürn 2018). La gobernanza de REDD+ es un sistema de interacción sobre el cambio climático, biodiversidad, silvicultura y desarrollo sostenible; el mecanismo ofrece un nexo en el que colaboran o compiten varias instituciones de diferentes ámbitos que establecen normas, sistemas de financiamiento, aplicación y evaluación (Gupta, Pistorius y Vijge 2016).

En este contexto, el gobierno debe reajustar su interacción para lograr los resultados planificados. Para las políticas ambientales de REDD+ precisan de la apropiación nacional y procesos políticos inclusivos a través de una definición clara de la estructura de la gobernanza frente a intereses que provocan la deforestación (Wong, Luttrell, et al. 2019). Dichos factores claramente no han sido desarrollados en el país por falta de políticas claras, ausencia de una apropiación nacional, procesos políticos complejos desarraigados de los temas sociales y ambientales que no se han desarrollado en función de los grupos vulnerables.

Los proyectos bajo el mecanismo REDD+ se canalizan considerando la institucionalidad y gobernanza forestal. El diseño de PROAmazonía tiene como desafío integrar el trabajo organizacional de los dos Ministerios con el apoyo del PNUD (GEF 2020a). La gestión forestal no depende de PROAmazonía, está bajo el control del MAATE y en paralelo con otras entidades y actores que trabajan en el proceso de planeación y ejecución de prácticas de los ecosistemas boscosos que son los que conforman la Mesa de Trabajo REDD+ (PROAmazonía 2021).

3.2.1. Mesa de Trabajo REDD+

En el año 2012, se creó la MdT[22] conformada por 41 organizaciones (Anexo 2) como una plataforma nacional de diálogo, involucramiento, participación, deliberación, consulta y seguimiento de los actores clave y cuya función es el seguimiento a la implementación de medidas y acciones REDD+ en el Ecuador. Fue institucionalizada por el MAATE en el año

[22] La MdT inició hace 10 años. Del 2013 al 2015 fue el primer periodo, del 2016 al 2019 el segundo y del 2020 al 2023 el tercero.

2017[23] para asegurar que en las fases de preparación e implementación de REDD+ se considere la visión y aportes de todos los actores involucrados, tanto de los que tienen derechos de aprovechamiento sobre los bosques como de los agentes de causas directas y subyacentes de la deforestación y degradación de los bosques. El alcance de la MdT está direccionado a la implementación de políticas y acciones REDD+, salvaguardas sociales y ambientales (SSA) y a la rendición de cuentas y acceso a la información sobre los avances de los proyectos (PROAmazonía 2021a).

Durante el tercer periodo de funcionamiento de la MdT ha sesionado en 12 ocasiones de acuerdo con el modelo de gobernanza; sin embargo, los territorios donde intervienen los proyectos presentan problemas que se deben resolver, como la falta transparencia en la información de las actividades. Hace falta profundizar en esta temática, no se ha desarrollado de manera efectiva ni equitativa la inclusión comunitaria y se debe trabajar de manera conjunta con PROAmazonía (G1).

Se deben fortalecer las alianzas entre actores que se involucren en los procesos a nivel social, técnico y político; en particular con líderes de las comunidades, mujeres y jóvenes, que apunten al bien común mediante espacios de articulación organizacional y territorial. Estos espacios de articulación son claves para desarrollar las estrategias, evitar conflictos y contribuir al fomento de una positiva gestión forestal acorde a la realidad comunitaria, comprometidos con los procesos ambientales a mediano y largo plazo proyectando una sostenibilidad después del cierre de PROAmazonía (O1).

---

[23] Al momento de la investigación, la MdT estaba en su tercer periodo de funcionamiento. Ha sesionado en 12 ocasiones de acuerdo con el modelo de gobernanza, logrando obtener varios aportes que han fortalecido la implementación de REDD+ a nivel nacional (Ministerio del Ambiente 2023).

Los territorios donde intervienen los proyectos presentan problemas que se deben resolver: "mientras no exista transparencia en la información de las actividades de la MdT no se puede emitir un criterio del trabajo que realizan" (G1). Por ejemplo, se espera que a través de la propuesta del Plan de Educación Ambiental en la provincia de Pastaza se motive a los participantes a la concientización de una formación forestal que se oriente al bien común, a la protección y buen uso de los recursos forestales. Hace falta profundizar en esta temática, no se ha desarrollado de manera efectiva ni equitativa la inclusión comunitaria, se debe trabajar de manera conjunta con PROAmazonía (G1).

Por otra parte, PROAmazonía cuenta con el apoyo del MAATE, MAG y de los gobiernos locales que se alinean con la visión de los proyectos en temas de producción sostenible de manera estratégica; sin embargo, descuidan la participación de los pueblos y comunidades. Se ha observado que: "gran parte del trabajo se concentra en la parte administrativa, en tanto que los temas esenciales, técnicos y estratégicos que deberían tener más atención son poco atendidos" (O1). También considera que PROAmazonía tiene un gran reto para solventar las SSA, los planes de distribución de beneficios y los procesos participativos que si no los cumplen podrían reflejar un debilitamiento de los objetivos sociales del programa (O1).

Asimismo, Jaime Toro, menciona que "dentro de la estructura organizacional de PROAmazonía, la gestión a nivel provincial evidencia una gobernanza débil y concentrada" (O3). Se debería evaluar e integrar factores ambientales, sociales y técnicos, así como focalizar las necesidades locales y rediseñar planes forestales más sólidos y equitativos. El rol del PNUD se enfoca más a temas administrativos y en menor proporción a lo técnico, dejando a un lado a la naturaleza y a los pueblos y comunidades indígenas. Agrega que los Ministerios encargados deberían trabajar coordinadamente a fin de fortalecer el trabajo del programa para asegurar la calidad de la gestión y por ende el logro de los resultados. Además: "existen otras limitaciones de orden estructural, como los cortos periodos para la ejecución de los proyectos, la falta de una metodología diseñada por el mismo mecanismo, el mal hábito jerárquico de no rendir cuentas, etc" (O3). Se sugiere agilidad en la revisión de los aspectos técnicos por parte de los equipos encargados de los Ministerios para que el reporte de los informes sea oportuno con el fin de que la ejecución de las actividades lleve menos tiempo del previsto (O3).

Al parecer los resultados de las reuniones de la MdT ratifican que sus miembros trabajan en coordinación con las actividades que se realizan a través de los proyectos REDD+. Se debe trazar un plan de acción que ponga freno a la destrucción causada por la deforestación tras la expansión de las plantaciones de monocultivos agrícolas industriales, la cría industrial de ganado en los bosques, los cultivos comerciales y otras actividades que cuentan con el apoyo de corporaciones globales de alimentos a través de la vinculación a normas de certificación que promueve REDD+ (O1).

3.2.2. Pueblos y comunidades indígenas

Ecuador dentro de su población tiene pueblos y comunidades indígenas, su presencia es mayor en la región amazónica y en la sierra. El término Nacionalidad se define como un "conjunto de pueblos milenarios anteriores y constitutivos del Estado ecuatoriano, que se autodefinen como tales, que tienen una identidad histórica, idioma y cultura comunes, que viven en un territorio determinado mediante sus instituciones y formas tradicionales de organización social, económica, jurídica, política y ejercicio de autoridad" (INEC 2006). Pueblo indígena se define como las "colectividades originarias, conformadas por comunidades o centros con identidades culturales que les distinguen de otros sectores de la sociedad ecuatoriana, regidos por sistemas propios de organización social, económica, política y legal" (INEC 2006).

Cada pueblo y nacionalidad indígena expresan su cosmovisión en estrecha relación con su hábitat, los bosques y los recursos naturales. En el enunciado de las políticas de REDD+ generalmente se enfatiza el concepto de las comunidades como beneficiarios del mecanismo y agentes para su implementación; por lo que, en las medidas y acciones del mecanismo se consideran los valores culturales, saberes ancestrales y las actividades productivas tradicionales de las comunidades, pueblos y nacionalidades (Ministerio del Ambiente 2016). Bajo este esquema, el PA REDD+ se construye dentro de un proceso de diálogo y participación de *stakeholders* nacionales, provinciales, cantonales y locales considerando la diversidad ambiental y cultural del país (Ministerio del Ambiente 2019c).

Según David Yedra para el desarrollo productivo sostenible se requiere fortalecer y mejorar la cadena productiva de las comunidades, para ello se necesita capacitación en los diferentes temas de producción como en el uso de abonos, tiempos de cosecha y contar con la materia prima e insumos necesarios hasta llegar al producto final y a la comercialización, esta es la cadena de producción en la que los proyectos deben trabajar porque estos procesos demandan recursos financieros (G1).

Patricia Serrano añade que PROAmazonía ha firmado un convenio con la Confederación de Nacionalidades Indígenas de la Amazonía Ecuatoriana (CONFENIAE) para la implementación de los proyectos mediante el involucramiento de las comunidades, las convocatorias se realizan a través de la CONFENIAE como el canal oficial para la participación: "actualmente los proyectos están trabajando en cinco planes de vida para las comunidades que son traducidos en su idioma, con el propósito de generar un proceso participativo en cumplimiento con las SSA, priorizando la participación de las mujeres" (P2).

La implementación de los proyectos de REDD+ han generado opiniones divididas frente a los derechos de las comunidades indígenas. Si bien los proyectos han realizado ciertos avances a través de la construcción de capacidades técnicas en los GAD, han permitido que las organizaciones indígenas y comunitarias hagan evidente su presencia como actores participativos en los procesos de deforestación y conservación a través de las SSA; sin embargo, la implementación de los proyectos no ha sido eficiente ni equitativa en la planificación y optimización de los fondos para apoyar la conservación, la restauración y la producción sostenible en áreas adecuadas de tierras comunitarias. Se observa falta de agilidad en la coordinación de las acciones por parte de los Ministerios encargados de direccionar los fondos para transparentar los derechos de las comunidades con una participación efectiva y de consulta en la regularización de sus derechos sobre la tierra, entre otras. Las representaciones indígenas consideran que la mayor parte de los recursos financieros se han canalizado a los GAD, ONG y consultores, lo que ha impedido que los beneficios lleguen a los pueblos y comunidades indígenas como actores protectores de los bosques (Aldea 2019).

La participación de los pueblos y comunidades indígenas por falta de conocimiento sobre el SSA de REDD+, ha tenido limitaciones que deben ser superadas a través de procesos participativos que involucren su presencia mediante diálogos, material didáctico de fácil difusión acorde a su lenguaje, que articule y fortalezca a las organizaciones comunitarias dentro de su cosmovisión e interacción con la naturaleza que requiere coordinación, involucramiento, seguimiento continuo y un equipo de técnicos responsables que se apropien del proceso (Suárez 2017).

REDD+ creó expectativas en los pueblos y comunidades indígenas al anunciar que se iba a combatir el problema de la deforestación, el mejoramiento de la gestión de los bosques, garantizar la participación local, mejorar sus ingresos e incluso amparar la implementación de los derechos territoriales. Sin embargo, en la práctica el mecanismo ha beneficiado a un grupo de actores, expandiendo la lógica del precio a la naturaleza, reduciendo el problema de la deforestación al monitoreo y comercialización del CO_2, adaptando las expectativas locales de manera instrumental, despolitizando y camuflando las relaciones de poder entre los actores involucrados y debilitando las prioridades por resolver como la tenencia de tierra y los derechos de los indígenas (Vásquez 2013). El mecanismo no es iniciativa de las comunidades tampoco ha atenuado las necesidades y amenazas que enfrentan, recibieron promesas de beneficios y empleo pero lo que recibieron fue acoso, restricciones al uso de la tierra y la inculpación de ser responsables de la deforestación (Kill 2017).

Según Duval Llaguno: "uno de los mayores problemas de los pueblos y comunidades indígenas son sus difíciles condiciones de vida, falta de oportunidades e incentivos económicos que los ayude a surgir, lo que ha motivado la necesidad de expandir su frontera agropecuaria en territorios que tradicionalmente estaban destinados para la conservación" (B1).

La crítica a REDD+ se ha dado porque desde el inicio y en el proceso de construcción, los recursos financieros se han destinado para definir el NREF, SMRV y SSA descuidando la participación y consulta a los pueblos y comunidades indígenas como actores relevantes. "Las comunidades han manifestado su inconformidad con la gestión de REDD+ porque son ellos los que cuidan los bosques y no reciben la ayuda necesaria para conservarlos" (O2).

3.2.2. La Tenencia de la Tierra

La tenencia de la tierra es importante en la planificación y aplicación del mecanismo REDD+, ya que constituye la base sobre la que se construye la distribución de los beneficios y realización de los proyectos. El mecanismo REDD+ promueve la inversión y la gestión de los bosques en áreas que por lo general están apartadas de los centros urbanos y en lugares de difícil acceso. La falta de seguridad jurídica sobre la tenencia es uno de los principales frenos para la inversión del mecanismo. Clarificar y dar seguridad sobre los derechos de tenencia de la tierra es el primer paso en el proceso de preparación REDD+ (FAO 2016).

La gestión de la tenencia requiere una política pública integral y un accionar de largo plazo que incluye recursos técnicos, legales y financieros, así como la participación de varios actores que colaboren en la legalización (Hayes, Murtinho y Hendrik 2017). La ley forestal no permite la existencia de propiedad privada dentro de las áreas de protección, patrimonio forestal o bosque protector que han sido declaradas en documentos. Tal disposición se realizó sin considerar la participación de los pueblos y comunidades indígenas. Por este motivo, el traslape de áreas protegidas y el desconocimiento por parte de organizaciones indígenas de algunas áreas de protección ha provocado el reclamo sobre la autonomía para el manejo de sus territorios, en razón de que muchas de ellas estaban habitadas por pueblos y comunidades indígenas antes de ser declaradas como áreas protegidas (Moreano 2012).

La inequidad, ilegalidad y desigualdad en la tenencia de la tierra es un problema crítico del país y una de las de las más altas de Latinoamérica, considerando el tamaño en comparación con otros países de la región. El coeficiente de Gini utilizado para medir la desigualdad en el acceso al recurso tierra señala un 0.81, que es un resultado preocupante (León y Rivera 2020).

La tenencia de la tierra es un tema controversial. En áreas protegidas existen haciendas que tienen título de propiedad, esto constituye un problema por resolver: "los propietarios de estas áreas siguen trabajando sin considerar que son áreas protegidas, generalmente esto se observa en la región sierra. Situación similar sucede con áreas de las comunidades de la Amazonía que las han declarado protegidas y de conservación como el Parque Yasuní donde se realizan concesiones petroleras" (A2). Queda trabajo por realizar que tendrán que resolver los gobiernos de turno (A2).

Además, la tenencia de la tierra ha estado ligada a otros factores condicionantes como la explotación petrolera y minera que han dado un giro al uso del suelo de la región amazónica y es una causa de deforestación y deterioro ambiental. La inequidad, ilegalidad, inseguridad y la falta de transparencia en la tenencia de la tierra han sido factores condicionantes de vulnerabilidad, fenómeno eminentemente social que afecta a los pueblos y comunidades indígenas y al desarrollo sostenible del país (León y Rivera 2020). De acuerdo con Patricia Serrano: "la tenencia de la tierra no es un eje de acción de PROAmazonía" (P2). En los proyectos financiados con fondos del GCF y GEF establecidos en el PA REDD+, el requisito previo para acceder a los beneficios es el título de propiedad o que la tierra este saneada (P2).

Se evidencia que en los últimos años los proyectos REDD+ no han defendido y menos fortalecido los derechos de los pueblos, comunidades indígenas y de otras poblaciones dependientes de los bosques, por el contrario, han establecido nuevos paquetes de derechos de propiedad a favor de diversos actores de poder (Cabello 2014).

Desde el año 2008 se han creado tres políticas consecutivas en relación con la tierra: el Plan Haciendas en el año 2008, el Plan Tierras en el periodo 2009-2013 y el Plan para el Acceso a Tierra de los Productores Familiares y la Legalización Masiva en el Territorio Ecuatoriano (ATLM) en el año 2018. Sin embargo, en el contexto de inestabilidad social y política que ha marcado al país, su aplicación ha sido poco efectiva e inequitativa por factores como: la poca participación de los actores involucrados, el limitado conocimiento del territorio, la falta de estudios de viabilidad, el cálculo inexacto del precio por hectárea, la escasez de información fidedigna sobre la cantidad de áreas afectadas y familias involucradas, la falta de evaluación de la capacidad de pago de los beneficiarios, la inexactitud de las áreas entregadas a cada familia, el restringido acceso al crédito, al riego, entre otros. Esto ha dificultado los avances en el proceso de titularización de la propiedad, es una obra en curso. La realidad hasta el momento es un alto porcentaje de parcelas pequeñas y una constante lucha de las diferentes identidades culturales para materializar sus derechos reconocidos sobre la tierra.

En el país existen alrededor de 200.000 familias que no tienen seguridad en la tenencia de la tierra y que constantemente se ven amenazadas por la expansión de actividades extractivas, petroleras y mineras que dejan fuera la soberanía de los pueblos y comunidades indígenas (Ramos, 2022). Además, la complejidad y el alto costo monetario de los protocolos de regularización dificultan la obtención de títulos de propiedad. De igual manera, la titulación de la tierra en las áreas protegidas es un problema crítico por la falta de procedimientos confiables de información, limitados sistemas de delimitación física y la presencia de mecanismos de registro que ocasionan baja efectividad en su manejo y aplicación. Resolver los problemas de la tenencia de la tierra es un trabajo que los gobiernos de turno deben solucionar, aunque sea un proceso complejo y costoso, pero es clave para la sostenibilidad de los ecosistemas, conservación de la biodiversidad y seguridad de los pueblos y comunidades indígenas.

CONCLUSIONES

Los ecosistemas forestales participan en la lucha contra el cambio climático. Ecuador en las últimas tres décadas ha sufrido un constante proceso de desforestación, los bosques de la Amanzonía pueden continuar extinguiéndose como ha ocurrido en otras zonas. La pérdida de bosques significa para el país perder miles de especies endémicas de flora y fauna únicas en el planeta con repercusiones ambientales, económicas, sociales y culturales. Frente a esta realidad, el país se ha comprometido a disminuir los niveles de deforestación y degradación forestal, a promover sistemas de producción sostenible para acceder al financiamiento climático.

En este sentido, la investigación buscó evaluar el financiamiento climático de los fondos bajo la CMNUCC para el mecanismo REDD+. Alrededor de este objetivo general se articularon tres objetivos específicos que alimentaron el trabajo de investigación. En primera instancia se identificó las características de los fondos climáticos que se han invertido en el país en el periodo 2017-2020. Segundo, se procedió a evaluar los efectos que han generado los fondos del GCF y GEF en los proyectos gestionados por PROAmazonía. Para alcanzar estos objetivos, se utilizó la información de la literatura académica y de la documentación oficial del MAATE, GCF y GEF. Las entrevistas realizadas a académicos, especialistas en materia ambiental y expertos en financiamiento climático fueron una fuente relevante para el análisis de las variables objeto de estudio (la tasa de desforestación, participación de *stakeholders* y la tenencia de la tierra) así como también, para determinar el alcance de la inversión climática en el logro de los criterios 3E+. Por los resultados hallados, se esbozó ciertos lineamientos para el manejo de políticas públicas en materia de mitigación ambiental asociados a REDD+. Con esta breve contextualización, se expone los principales resultados de la investigación.

Una vez finalizadas las actividades de PROAmazonía, los resultados demuestran que el financiamiento climático no ha logrado reducir la tasa de deforestación que es considerada como una de las más altas de Latinoamérica. La deforestación bruta anual promedio (ha/año) del bienio 2016-2018 fue de 82.5 y en el bienio 2020-2022 fue de 95.5, es decir, se produjo un incremento del -0.66 % al -0.78 %. Esto como consecuencia de factores como las actividades extractivistas de petróleo, minería, madera, agricultura intensiva, ganadería, entre otras.

La participación de los pueblos y comunidades indígenas como los actores que viven y dependen de los bosques ha sido subestimada. Lo ideal sería que estos fondos se destinen a los pueblos y comunidades indígenas que conservan el bosque que, aunque ya está conservado, no son reconocidos sus derechos. Se debería disminuir el gasto millonario en consultorías que preparan metodologías y en ONG conservacionistas que aplican intrincados planes de REDD+, en iniciativas piloto y proyectos modelo; mientras que, otros se encargan de certificar las aplicaciones de los primeros consultores. Se debería generar una participación activa de los pueblos y comunidades indígenas y construir diálogos con los técnicos y ejecutores, esto requiere de un esfuerzo conjunto para empoderar y fortalecer dichas actividades.

Dentro de los fondos climáticos no se ha destinado un presupuesto para clarificar la propiedad de la tierra. El mecanismo promueve la inversión y gestión de los bosques en áreas saneadas y que están apartadas de los centros urbanos. La falta de seguridad jurídica sobre la tenencia es uno de los principales frenos para la inversión; por consiguiente, clarificar y dar seguridad sobre los derechos de tenencia es el primer paso en el proceso de preparación REDD+.

En la gestión de los proyectos en el país se han dado una serie de actividades adaptativas provocadas por un conjunto de medidas donde la condicionalidad ha obstaculizado el trabajo, lo que ha provocado retrasos y lentitud en el avance de los proyectos.

Por último, la aplicación del financiamiento climático no ha logrado los resultados esperados, ha sido poco eficaz, eficiente y equitativa. La inestabilidad política ha impactado en las áreas de intervención de los proyectos, ha generado acciones lentas por parte de ciertos actores, y tampoco existen directrices claras para ejecutar las acciones requeridas en el marco de sus competencias y líneas de trabajo específicas. Si bien hay ciertos logros, aún existen mucho por hacer, identificar prioridades e intereses locales que es ajusten con los objetivos nacionales.

BIBLIOGRAFÍA

Angelsen, Arild, y Arun Agrawal. 2009. "*Using community forest management to achieve REDD+ goals*." Realising REDD+: national strategy and policy options (1): 201-212.

ALDEA. 2019. "REDD+ y pueblos indígenas en Latinoamérica". *Asociación Latinoamericana para el Desarrollo Alternativo*. 16 de enero de 2023. http://www.fundacionaldea.org/noticias-aldea/felr836j7b9g43r5a9edtajnr7hw87.

Angelsen, Arild, Christopher Martius, Veronique De Sy, Amy Duchelle, Anne Larson, y Thu Thuy Pham. 2019. "REDD+ inicia su segunda década". In *REDD+: la transformación Lecciones y nuevas direcciones*, by Arild Angelsen, Christopher Martius, Veronique De Sy, Amy E Duchelle, Anne M Larson and Thu Thuy Pham, 1-14. Bogor-Indonesia: CIFOR.

Angelsen, Arild, Erlend Hermansen, Raoni Rajão, y Richard Van der Hoff. 2019a. "Pago por resultados ¿A quién se debe pagar y a cambio de qué?". In *REDD+: la transformación Lecciones y nuevas direcciones*, by Arild Angelsen, Christopher Martius, Veronique De Sy, Amy E Duchelle, Anne M Larson and Thu Thuy Pham, 45-60. Bogor-Indonesia: CIFOR.

Angelsen, Arild, María Brockhaus, Amy E. Duchelle, Anne M. Larson, Christopher Martius, William D. Sunderlin, Louis V. Verchot, Grace Wong, y Sven Wunder. 2017. "Learning from REDD+: a response to Fletcher et al.". *Conservation Biology 31,* (3): 718-20.

Angelsen, Arild, María Brockhaus, William Sunderlin, y Lee Verchot. 2013. "*Análisis de REDD+: Retos y opciones*". Bogor-Indonesia: CIFOR.

Angelsen, Arild, Markku Kanninen, Maria Brockhaus, William D. Sunderlin, Sheila Wertz-Kanounnikoff, y Erin Sills. 2010. “REDD+: De lo global a lo nacional”. In *La implementación de REDD+: Estrategia nacional y opciones de política*, by Arild Angelsen, Maria Brockhaus, Sheila Wertz-Kanounnikoff, Erin Sills, William D. Sunderlin and Markku Kanninen. Bogor-Indonesia: CIFOR.

Angelsen, Arild, y Sheila Wertz-Kanounnikoff. 2009. “¿Cuáles son los temas clave en el diseño REDD y cuáles los criterios para evaluar 11 las opciones?”. En *Avancemos con REDD Problemas, opciones y consecuencias*, de Arild Angelsen: 11-22. Indonesia: CIFOR.

Angelsen. Arild. *2017a . “REDD+ as result-based aid: General lessons and bilateral agreements of Norway”. Review of Development Economics 21 (2): 237-64.*

Atmadja, Stibniati, y Louis Verchot. 2012. “*A review of the state of research, policies and strategies in addressing leakage from reducing emissions from deforestation and forest degradation (REDD+)*”. Mitigation and Adaptation Strategies for Global Change 17, no. (3): 311-36.

Banco Mundial. 2021a. “*Índice de Gini – Ecuador*”. Accedido 4 junio de 2021. https://www.ecuadorencifras.gob.ec/documentos/web-inec/POBREZA/2021/Junio-2021/202106_PobrezayDesigualdad.pdf (último acceso: diciembre de 2022).

Barba-Romero, Sergio, y Jean Charles Pomerol. 1997. "*Decisiones multicriterio. Fundamentos teóricos y utilización práctica*". Servicio Publicaciones Universidad de Alcalá. Alcalá de Henares, España: 420.

Bayrak, Mucahid Mustafa, y Lawal Mohammed Marafa. 2016. “Ten Years of REDD+: A Critical Review of the Impact of REDD+ on Forest-Dependent Communities”. *Sustainability 8,* (7): 620.

Berruezo, Javier Aldaz, y Julio Díaz. 2017. "*Situación del Convenio Marco de Naciones Unidas sobre el cambio climático"*. Resumen de las Cumbres de Paris, COP21 y de Marrakech, COP22". *Revista de Salud Ambiental 17* (1): 34-39.

Biondi, Pedro. 2020. "*New briefing explains the basics of REDD+ and why it's so contentious*". Global Forest Coalition, (6): 1-8.

Bird, Neil, Charlene Watson, y Liane Schalatek. 2017. "*La arquitectura mundial del financiamiento para el clima. Información básica sobre financiamiento para el cambio climático"*. Climate Funds Update.

Blobel, Daniel, Nils Meyer-Ohlendorf, Carmen Schlosser-Allera, y Penny Steel. 2006. "*Convención marco de las Naciones Unidas sobre el cambio climático: Manual*". Dependencia de Asuntos Intergubernamentales y Jurídicos de la Secretaría del Cambio Climático.

Buchner, Barbara, Alex Clark, Angela Falconer, Rob Macquarie, Chavi Meattle, and Cooper Wetherbee. 2021. "*Global Landscape of Climate Finance 2021*". Climate Policy Initiative (9): 45-52.

Cabello, Johanna. 2014. "*Enmascarando la destrucción: REDD+ en la Amazonía peruana". Movimiento Mundial por los Bosques, (5): 3-17.*

Cabral y Bowling, Roberto. 2014. "*Fuentes de financiamiento para el cambio climático"*. CEPAL Serie Financiamiento para el Desarrollo, (254): 36-49.

Clary, E. Gil, y Mark Snyder. 2002. "*Community involvement: Opportunities and challenges in socializing adults to participate in society*." Journal of Social Issues 58, (3): 581-591.

Carrere, Ricardo. 2012. "*Una visión crítica de REDD*". Revista Semillas. Movimiento Mundial por los Bosques Tropicales, (46): 5-18.

Castellano, Eliseo. 2010. *"Sobre REDD+ y el programa Socio Bosque*". Acción Ecológica.

CEPAL. 1989. "*Glosario de Términos relacionados con la Administración de la Deuda Externa*". Comisión Económica para América Latina y el Caribe, (49): 1-17.

Chacón-Cascante, Adriana, Juan Robalino, Brenes Muñoz, y Maryanne Grieg-Gran. 2011. "*Reduced Emissions due to Reduced Deforestation and Forest Degradation (REDD and REDD+)*". Instrument Mixes for Biodiversity Policies. POLICYMIX Report 2, (2): 145-161.

Chhatre, Ashwini, Shikha Lakhanpal, Anne M. Larson, Fred Nelson, Hemant Ojha, y Jagdeesh Rao. 2012. "S*ocial safeguards and co-benefits in REDD+: a review of the adjacent posible*". Environmental Sustainability 4, (6): 654-60.

CMNUCC. 1992. "*Qué es la Convención Marco de las Naciones Unidas sobre el Cambio Climático*". 2012. Accedido 5 de diciembre de 2020. https://unfccc.int/es/process-and-meetings/the-convention/que-es-la-convencion- marco-de-las-naciones-unidas-sobre-el-cambio-climatico.

——. Convención Marco de las Naciones Unidas sobre el Cambio Climático. 2013. "*Fondo Cooperativo para el Carbono de los Bosques (FCPF)*". Accedido 2 de diciembre de 2020. https://unfccc.int/sites/default/files/redd_20130228_fcpf_update_sp_feb_2013_f inal.pdf.

——. Convención Marco de las Naciones Unidas sobre el Cambio Climático. 2014a. "*Warsaw Framework for REDD-plus*". Accedido 10 de diciembre de 2020. https://unfccc.int/topics/land-use/resources/warsaw-framework-for-redd-plus.

———. Convención Marco de las Naciones Unidas sobre el Cambio Climático. 2021. "*El proceso de cambio climático de la ONU intensifica la acción sobre la deforestación*". Accedido 26 de abril. https://unfccc.int/es/news/el-proceso-de- cambio-climatico-de-la-onu-intensifica-la-accion-sobre-la-deforestacion

Dawson, Neil M., Michael Mason, David Mujasi Mwayafu, Hari Dhungana, Poshendra Satyal, Janet A. Fisher, Mark Zeitoun, y Heike Schroeder. 2018. "*Barriers to equity in REDD+: Deficiencies in national interpretation processes constrain adaptation to context*". Environmental science & policy 88: 1-9.

Dewan, Angela. "*El gran reto de REDD+: Aclarar los derechos sobre las tierras forestales".* Centro para la Investigación Forestal Internacional (CIFOR), 2011.

Di Gregorio, Monica, Maria Brockhaus, Tim Cronin, y Efrain Muharrom. 2013. "*Implementación de REDD+: Política y poder en los procesos normativos nacionales de REDD+*". En *Análisis de REDD+: Retos y opciones*, editado por Arild Angelsen, María Brockhaus, William Sunderlin, L Verchot. Bogor: CIFOR.

Duveiller, Gregory, Josh Hooker, y Alessandro Cescatti. 2018. "*The mark of vegetation change on Earth's surface energy balance*". Nature communications 9, (1): 1-12.

Ece, Melis, James Murombedzi, y Jesse Ribot. 2017. "*Disempowering democracy: local representation in community and carbon forestry in Africa*". Conservation and Society 15, (4): 357-370.

Fagua, Camilo J., Jacopo A. Baggio, y R. Douglas Ramsey. 2019. "*Drivers of forest cover changes in the Chocó-Darien Global Ecoregion of South America*". Ecosphere 10, (3): 5-38.

FAO. 2016. "*La tenencia y REDD+: Desarrollo de condiciones favorables de tenencia para REDD+*". Boletín de políticas ONU-REDD (6), Rothea, Ann-Kristin & Munro-Faure, Paul. Roma.

——. 2015. "*Trabajo de la Evaluación de los Recursos Forestales. Terminos y Definiciones*". Roma (180).

——. 2020. "*El Estado de los Bosques del Mundo. Los bosques, la biodiversidad y las personas*". Roma: FAO.

_____. 2020a. "*Evaluación de los recursos forestales mundiales 2020. Principales resultados*". Roma.

_____. 2003. "*Tenencia de la tierra y desarrollo rural. Estudios sobre tenencia de la tierra 3*". Roma-Italia.

_____. 2003a. "*Bosques, el Ciclo Mundial del Carbono y el Cambio Climático*". Actas XII Congreso Forestal Mundial.

_____. 2016. "*La tenencia y REDD+: Desarrollo de condiciones favorables de tenencia para REDD+*". Boletín de políticas ONU-REDD (6), Rothea, Ann-Kristin & Munro-Faure, Paul. Roma.

_____. 2015. "*Trabajo de la Evaluación de los Recursos Forestales. Términos y Definiciones*". Roma (180).

Fariborz, Zelli, Tobias Nielsen, y Wilhelm Dubber. 2019. "*Seeing the forest for the trees: identifying discursive convergence and dominance in complex REDD+ governance*". Ecology and Society 24 (1).

Fernandez, Raúl. 2015. "*Los proyectos REDD+ y cómo debilitan a la agricultura campesina y a las soluciones reales para enfrentar el cambio climático*". World Rainforest Movement (244).

Fry, Ian. 2008. "*Reducing emissions from deforestation and forest degradation: opportunities and pitfalls in developing a new legal regime*". Review of European Community & International Environmental Law 17 (2): 166-82.

GCF. 2020. "*Priming Financial and Land Use Planning Instruments to Reduce Emissions from Deforestation*". En *Interim Evaluation*, editado por Javier Jahnsen, Fernanda Salinas y Adriana Bustillo. Quito: GCF.

———. 2020a. "*Priming Financial and Land Use Planning Instruments to Reduce Emissions from Deforestation*". En *Interim Evaluation*, editado por Javier Jahnsen, Fernanda Salinas y Adriana Bustillo. Quito: GCF.

———. 2019. "*Programa de Naciones Unidas para el Desarrollo PAÍS: Ecuador DOCUMENTO DE PROYECTO*". Manejo integrado de Paisajes de Uso Múltiple y Alto Valor de Conservación para el desarrollo sostenible de la Región Amazónica Ecuatoriana.

———. 2018a. "*GCF in Brief: REDD+*". 5 de mayo. https://www.greenclimate.fund/sites/default/files/document/gcf-brief- redd_0.pdf.

GEF. 2020a. "*Desarrollo sostenible de la Amazonía ecuatoriana: gestión integrada de paisajes de uso múltiple y bosques de conservación de alto valor*". *Revisión de Medio Término.*

———. 2019. "*Programa de Naciones Unidas para el Desarrollo PAÍS: Ecuador DOCUMENTO DE PROYECTO*". Manejo integrado de Paisajes de Uso Múltiple y Alto Valor de Conservación para el desarrollo sostenible de la Región Amazónica Ecuatoriana.

Gonzáles, Javier Dávalos. 2011. "El convenio del Progama Socio Bosque y las comunidades indígenas en Ecuador". *Amazon Watch* (19).

González, Humberto, Antonio Brenes. 2020. "*La curva de Lorenz y el coeficiente de Gini como medidas de la desigualdad de los ingresos*". REICE: Revista Electrónica de Investigación en Ciencias Económicas 8 (15): 104-25.

Granda, María J., y Patricio Yánez M. 2017. "*Estudio sobre la percepción de los beneficios del programasocio bosque en la región amazónica ecuatoriana*". La Granja: Revista de Ciencias de la Vida Vol 26 (2): 28-37.

Griscom, Bronson W, Justin Adams, Peter W. Ellis, Richard A. Houghton, Guy Lomax, Daniela A. Miteva, William H. Schlesinger et al. 2017. "Natural climate solutions". *Proceedings of the National Academy of Sciences* 114 (44): 11645-650.

Guedez, Pierre Yves, y Bruno Guay. 2018. "*Ecuador's Pioneering Leadership on REDD+; A Look Back at UN-REDD Support Over the Last 10 Years*". Accedido 17 de septiembre. https://www.un-redd.org/post/2018/09/04/ecuadors- pioneering-leadership-on-redda-look-back-at-un-redd-support-over-the-last-10- years.

Guzmán, Sandra, Mariana Castillo, y Alin Moncada. 2017. "*Financiando esfuerzos contra el cambio climático en américa latina*". Política, Globalidad y Ciudadanía (6): 65-98.

Guzmán, Sandra. 2021. "*El financiamiento climático es pieza clave de las negociaciones en laCOP26*". El financiamiento internacional es de vital importancia para asegurar el cumplimiento de las metas climáticas. Accedido 6 diciembre de 2021. https://redaccion.lamula.pe/2021/11/09/sandra-guzman-el-financiamiento-climatico-es-pieza-clave-de-las-negociaciones-en-la-cop26/albertoniquen/

Hayes, Tanya, Felipe Murtinho, y Wolff Hendrik. 2017. "The impact of payments for environmental services on communal lands: An analysis of the factors driving household land-use behavior in Ecuador". *World Development* 93 (4): 427-46.

Herrán, Claudia. 2012. "*Programa ONU-REDD: La contribución de los países en desarrollo para frenar el cambio climático*". Friedrich Ebert Stiftung (162): 1-7.

Hirsch, Thomas. 2018. "*Hacia la implementación ambiciosa del Acuerdo de París*". ACT Alianza 150: 3-56.

——. 2014. "REDD+ resalta problemas de tenencia, pero no los resuelve". *Centro para la Investigación Forestal Internacional, CIFOR.*

ICLEI. 2020. "Glosario *de Financiamiento Climático".* Accedido 6 febrero 2021. https://americadosul.iclei.org/wp-content/uploads/sites/78/2021/04/glossario-tap-es-v4.pdf

INEC. 2006. "*La pobalción indígena del Ecuador. Análisis de Estadísticas Socio- Demográficas*". *Chisaguano:* 26-68.

IEA. 2016. "*Operating agent: Building Research Establishment, Garston".* International Energy Agency. Key CO.

IPCC. 2013. "*Glosario. Cambio Climático 2013. Bases físicas: Contribución del Grupo de trabajo I al Quinto Informe de Evaluación del Grupo Intergubernamental de Expertos sobre el Cambio Climático*". Cambridge, Reino Unido y Nueva York: Cambridge University Press.

——. 2014. "*Cambio climático 2014: Informe de síntesis. Contribución de los Grupos de trabajo I, II y III al Quinto Informe de Evaluación del Grupo Intergubernamental de Expertos sobre el Cambio Climático*". Ginebra.

Jones, Kelly W., Nicolle Etchart, Margaret Holland, Lisa Naughton-Treves, y Rodrigo Arriagada. 2020. "*The impact of paying for forest conservation on perceived tenure security in Ecuador*". Conservation Letters 13 (4): 68-89.

Kambire, Hermann, Ida Nadia Djenontin, Augustin Kaboré, Houria Djoudi, Michael Balinga, Mathurin Zida, Samuel Assembe-Mvondo y Maria

Brockhaus. 2016. "*REDD+ efficiency, its effectiveness and equity*". En The Context of REDD+ and adaptation to climate change in Burkina Faso: Drivers, agents and institutions, de Hermann Kambire, Ida Nadia Djenontin, Augustin Kaboré y Houria Djoudi. Center for International Forestry Research 7.

Kill, Jutta. 2017. "*De proyectos REDD+ a REDD+ jurisdiccional: más malas noticias para el clima y las comunidades*". World Rainforest Movement (231): 77-98.

——. 2014. "*La nueva movida de REDD: de bosques a paisajes más de lo mismo, pero más grande y con mayores riesgos*". World Rainforest Movement (204): 3- 16.

Larrea, C, S Latorre, y R Burbano. 2017. "*Análisis multicriterial sobre alternativas para el desarrollo en la Amazonía en ¿Está agotado el periodo petrolero en Ecuador?* ". Quito: Ediciones La tierra. Universidad Andina Simón Bolívar.

Leonard, Stephen, y Christopher Martius. 2021. "*Un análisis actual de los pagos por resultados REDD+ del Fondo Verde para el Clima. Sugerencias para un sistema que pague por reducciones de emisiones que sean reales y permanentes*". Centro para la Investigación Forestal Internacional, CIFOR.

León Paz, Julio Ramiro, y Rivera Amanda. 2020. "*Ilegalidad de la tenencia y desigualdad en la distribución de la tierra en Ecuador como condiciones de vulnerabilidad*". Geopauta, 4 (1): 34-48.

Lohmann, Larry. 2020. "*The Green Climate Fund (GCF) must say No to more REDD+ funding requests*". World Rainforest Movement.

Lorenzo, Cristian. 2016. "*El Fondo Mundial para el Medio Ambiente (GEF) como un actor político- ambiental en América Latina*". IDICSO Instituto de Investigación en Ciencias Sociales (6): 14-24.

Lovejoy, Thomas, y Carlos Nobre. 2018. "*Amazon tipping point*". Advances Science 4: 47-78.

Lovera-Bilderbeek, Simone. 2019. "REDD+ y el Fondo Verde para el Clima: Se confirman los peores miedos". *Coalición Mundial por los Bosques* (17):79-199.

Macchi, Mirjam, Gonzalo Oviedo, Sarah Gotheil, Katherine Cross, Aghi Boedhihartono, Caterina Wolfangel y Matthew Howell. 2008. "Indigenous and Traditional Peoples and Climate Change". *International Union for the Conservation of Nature.*

Matta, Jagannadha Rao, y Laura Schweitzer Meins. 2012. "Revista internacional de silvicultura e industrias forestales". *Revista internacional de silvicultura e industrias forestales. Unasylva* 63, (239): 2-79.

Ministerio del Ambiente. 2017a. "*Deforestación Del Ecuador Continental Periodo 2014-2016*". 04 de julio. http://190.152.46.74/documents/10179/1149768/DEFORESTACION_ECUADOR_CONTINENTAL_21%204_2016.pdf/8f5a1064-4aa7-47b0-80a0-3a54bbbb9fae

_____. 2019. "Proyecto Socio Bosque". Accedido 17 mayo 2021. https://www.ambiente.gob.ec/wp-content/uploads/downloads/2020/07/12.SOCIO_BOSQUE.pdf

_____. 2019a. "Bosques para el Buen Vivir - REDD+ Ecuador". Segundo Resumen de Información del Abordaje y Respeto de Salvaguardas para REDD+ en Ecuador.

——. 2019b. "Primera Contribución Determinada a Nivel Nacional para el Acuerdo de París bajo la Convención Marco de Naciones Unidas Sobre Cambio Climático". Quito-Ecuador: 4-50.

——. 2019c. "*Plan de Acción REDD+*" Accedido 8 de marzo. http://reddecuador.ambiente.gob.ec/redd/plan-de-accion-redd/.

———. 2020. “*Deforestación y Regeneración a Nivel Provincial del Periodo 2016–2018 del Ecuador Continental. Mapa Interactivo Ambiental. Sistema Único de Indicadores Ambientales. SUIA*". Accedido 6 de mayo. http://ide.ambiente.gob.ec/mapainteractivo/.

———. 2020a. “*Deforestación y Regeneración a Nivel Provincial del Periodo 2016–2018 del Ecuador Continental. Mapa Interactivo Ambiental. Sistema Único de Indicadores Ambientales. SUIA*". Accedido 6 de mayo. http://ide.ambiente.gob.ec/mapainteractivo/.

———. 2022. “*Deforestación y Regeneración a Nivel Provincial del Periodo 2016–2018 del Ecuador Continental. Mapa Interactivo Ambiental. Sistema Único de Indicadores Ambientales. SUIA*". Accedido 19 de abril. http://ide.ambiente.gob.ec/mapainteractivo/.

———. 2023. “*Ecuador promueve la conservación de los bosques a través de la Mesa REDD+*". Accedido 1 de mayo. https://www.ambiente.gob.ec/ecuador-promueve-la-conservacion-de-los-bosques-a-traves-de-la-mesa-redd/

Molina, Mario, Julia Carabias, y José Sarukhán. 2017. “*El cambio climático: causas, efectos y soluciones*”. México: Fondo de Cultura Económica.

Montaño, Doménica. 2021. “*Nuevo estudio: en los últimos 26 años Ecuador ha perdido más de 2 millones de hectáreas de bosque*”. Amazonía Socioambiental (18): 46- 72.

Montero, Maritza. 2002. "*Construcción del otro, liberación de sí mismo"*. Utopía y praxis latinoamericana: revista internacional de filosofía iberoamericana y teoría social (16): 41-52.

———.2004. "*El fortalecimiento en la comunidad, sus dificultades y* alcances." Psychosocial Intervention 13.1: 5-19.

———. 2010. "*Fortalecimiento de la ciudadanía y transformación social: área de encuentro entre la psicología política y la psicología comunitaria.*" Psykhe (Santiago) 19.2: 51-63.

Moreano, Melissa. 2012. "*Socio Bosque y el Capitalismo Verde*". Línea de Fuego.

———. 2014. "Dinero por Conservación ¿cómo funciona Socio Bosque?". Terra Incognita (88): 31-5.

Muñoz, Magdalena. 2021. "*Mesa de Trabajo REDD+: 8 años en la preparación e implementación de REDD+ en Ecuador.*" PROAmazonía. https://www.proamazonia.org/mesa-de-trabajo-redd-8-anos-en-la-preparacion-e-implementacion- de-redd-en-ecuador/

Myers, Rodd, Anne M. Larson, Ashwin Ravikumar, Laura F. Kowler, Anastasia Yang, y Tim Trench. 2018. "*Messiness of forest governance: how technical approaches suppress politics in REDD+ and conservation projects*". Global Environmental Change (50): 314-24.

Naciones Unidas. 2015. "Acuerdo de París" Accedido 5 mayo 2021. https://unfccc.int/files/meetings/paris_nov_2015/application/pdf/paris_agreement_spanish_.pdf

Naranjo, Alex. 2018. "*Ecuador: pueblos, comunidades y naturaleza frente a la palma aceitera*". Word Rainforest Movement (240).

Nemirovsky, Yanina. 2019. "*Dime a dónde va el dinero y te diré si cumplirás tus metas climáticas*". Connectas (6): 3-9.

Nepstad, Daniel. Juan Pablo Ardila, María de los Ángeles Barrionuevo, Andrea Garzón, Juan Gabriel Rojas, Rafael Vargas, Jonah Busch, Eduardo Bedoya Garland, y Tathiana Bezerra. 2019. "*Evaluación del Impacto de políticas públicas destinadas a reducir la deforestación y degradación y acciones destinadas a la gestión sostenible de los bosques en Ecuador*". (1): 15-233.

Norman, Marigold, y Smita Nakhooda. 2015. "*The state of REDD+ finance*". Center for Global Development Working Paper 378.

OECD. 2015. "*Climate Finance in 2013-14 and the USD 100 billion Goal*". Organisation for Economic Cooperation and Development (OECD) in collaboration with Climate Policy Initiative (CPI).

OECD. 2019. "*Financing Climate Futures: Rethinking Infrastructure*". The World Bankl United Nations Environment Programme 5.

Olca. 2015. "*Llamado a la Acción para rechazar REDD y las industrias extractivas*". Observatorio Latinoamericano de Conflictos Ambientales.

Olesen, Asger, Hannes Böttcher, Anne Siemons, Lara Herrmann, Christopher Martius, Rosa María Román Cuesta, Stibniati Atmadja et al. 2018. "*Study on EU financing of REDD+ related activities, and results-based payments pre and post 2020: Sources, cost-effectiveness and fair allocation of incentives*". COWI.

Ordenavía, Noelia, Paola Bernal, y Winnie Narváez. 2021. "Ilustraciones del mecanismo REDD+. ¿Desarrollo sostenible o sostener el modelo de desarrollo?". Edición Marzo (71): 19-31.

Overbeek, Winnie. 2020. "*Indonesia: REDD+, el financiamiento europeo para el desarrollo y la 'economía baja en carbono*". Movimiento Mundial por los Bosques Tropicales (252): 39-106.

Paz Cardona, Antonio José. 2019. "*Nuevo informe revela que el norte del Chocó ecuatoriano ha perdido el 61% de sus bosques*". Mongabay (31): 6-25.

———. 2022. "*La Amazonía ecuatoriana ha perdido más de 623 mil hectáreas en dos décadas*". Mongabay (17): 9-32

PNUD. 2012. "*Preparación para Financiamiento Climático. Un marco para entender que significa estar listo para utilizar el financiamiento climático*" UNDP. Vandeweerd, Veerle, Yannick Glemarec, and Simon Billett.

_____. 2019. "*Ecuador receives US$ 18.5 million for having reduced its deforestation*" Accedido 09 de julio. https://www.climateandforests-undp.org/node/5576

PNUMA. 2018. "*Academia REDD+ Diario de Aprendizaje. Bosques y Cambio Climático*". Nairobi-Kenya 6 (3).

——. 2018a. "*Academia REDD+ Diario de Aprendizaje. Impulsores de la Deforestación y la Degradación*" Nairobi-Kenya 6 (3).

——. 2018b. "*Academia REDD+ Diario de Aprendizaje. La Iniciativa REDD+ y la CMNUCC*". Nairobi-Kenya 7 (3).

PROAmazonía. 2021. "*Mesa de Trabajo REDD+: 8 años en la preparación e implementación de REDD+ en Ecuador*". Accedido 29 de marzo. https://www.proamazonia.org/mesa-de-trabajo-redd-8-anos-en-la-preparacion-e- implementacion-de-redd-en-ecuador/.

——. 2021a. "*Mesa de Trabajo REDD+: 8 años en la preparación e implementación de REDD+ en Ecuador*". Accedido 29 de marzo. https://www.proamazonia.org/mesa-de-trabajo-redd-8-anos-en-la-preparacion-e-implementacion-de-redd-en-ecuador/.

——. 2021b. "*¿What is PROAmazonía?*" Accedido 5 de marzo. https://www.proamazonia.org/en/inicio/que-es-proamazonia/.

——. 2024. "*Informe de Gestión de PROAmazonía*" Accedido 17 de abril.https://info.undp.org/docs/pdc/Documents/ECU/Annual%20Progress%20Project%20Report_2020.pdf.

Ramos, Tomás B, Inés Alves, Rui Subtil, y João Joanaz de Melo. 2007. "*Environmental performance policy indicators for the public sector: The case of the defence sector*". Journal of Environmental management 82, (4): 410-432.

Ramírez, Alonso. 2016. "*REDD+ y la gobernanza forestal costarricense*". Estudios en Ecología Política, Desarrollo y Cambio Social (61): 2-19.

Ramos, Tomás B, Inés Alves, Rui Subtil, y João Joanaz de Melo. 2007. "*Environmental performance policy indicators for the public sector: The case of the defence sector*". Journal of Environmental management 82, (4): 410-432.

Romano, Antonio, Giuseppe Scandurra, Alfonso Carfora, y Monica Ronghi. 2018. "*Climate Finance as an Instrument to Promote the Green Growth in Developing Countries*". Roma-Italia: Springer.

Romijn, Erika, Celso B. Lantican, Martin Herold, Erik Lindquist, Robert Ochieng, Arief Wijaya, Daniel Murdiyarso y Louis Verchot. 2015. "*Assessing change in national forest monitoring capacities of 99 tropical countries*". Forest Ecology and Management 352: 109-23.

Ramos, Melissa. 2022. "*Un esfuerzo colectivo para resolver el problema de tierras en Ecuador.*" International Land Coalition, (7), 3-10.

Ron, Santiago. 2020. "Regiones naturales del Ecuador". *BIOWEB*. Editado por Pontificia Universidad Católica del Ecuador. Accedido 17 febrero 2023. https://bioweb.bio/faunaweb/amphibiaweb/RegionesNaturales

Rudel, Thomas, Oliver Coomes, Emilio Moran, Frederic Achard, Arild Angelsen, Jianchu Xu y Eric Lambin. 2005. "*Forest transitions: towards a global understanding of land use change*". Global environmental change 15 (1).

Salvador, Desiré. 2021. "*América Latina sigue dependiendo de los combustibles fósiles para generar ingresos*". Comunicar (71): 4-29.

Samaniego, Jose Luis, José Eduardo Alatorre, Orlando Reyes, Jimy Ferrer, Lina Muñoz, y Laura Arpaia. 2019. "*Panorama de las contribuciones determinadas a nivel nacional en América Latina y el*

Caribe, 2019: Avances para el cumplimiento del Acuerdo de París" (81): 28-51.

Sánchez, Euclides. 2000. "*Todos con la" esperanza": continuidad de la participación comunitaria*". Comisión de Estudios de Postgrado, Facultad de Humanidades y Educación, Universidad Central de Venezuela.

Sean. 2013. "*Documento Informativo Fondo Verde para el Clima. Pre-Cop 19*". Regatta.

Sierra, Rodrigo, Oscar Calva, y Alejandra Guevara. 2021. "*La deforestación en el Ecuador, 1900-2018. Factores promotores y tendencias recientes*". Ministerio de Ambiente y Agua del Ecuador, Ministerio de Agricultura del Ecuador, en el marco de la implementación del Programa Integral Amazónico de Conservación de Bosques y Producción Sostenible (18): 2-216.

Skutsch, Margaret, y Esther Turnhout. 2018. "*How REDD+ Is Performing Communities*". Forests 9, (10): 638.

Solís, Arturo. 2021. "*Los 10 países que más contaminan el planeta*". Forbes (5): 1-14.

Springate-Baginski, Oliver, y Eva Wollenberg. 2010. "*REDD, forest governance and rural livelihoods: the emerging agenda*". CIFOR.

Stern, Nicholas, Siobhan Peters, Vicki Bakhshi, Alex Bowen, Catherine Cameron, Sebastian Catovsky y Diane Crane. 2006. "*Stern Review: The economics of climate change*". Cambridge: Cambridge University Press.

Streck, Charlotte. 2020. "*Who Owns REDD+? Carbon Markets, Carbon Rights and Entitlements to REDD+ Finance*". Forests 11 (9): 959.

Suárez, Victoria. 2017. "*Comunidades, pueblos indígenas y tomadores de decisión, actores clave en el Resumen de Información de la Mesa de Trabajo REDD+*". UN-REDD Programme.

Suárez, Victoria. 2017. "*Comunidades, pueblos indígenas y tomadores de decisión, actores clave en el Resumen de Información de la Mesa de Trabajo REDD+*". UN-REDD Programme.

Sunderlin, William, Anne Larson, y Peter Cronkleton . 2010. "*Derechos de tenencia forestal y REDD+: De la inercia a las soluciones políticas*". En Angelsen, Brockhaus; Kanninen, Markku; Sunderlin, William; Wertz-Kanounnikoff, Sheila, de La implementación de REDD+ Estrategia nacional y opciones de política. Indonesia: CIFOR (5): 124-90.

Sunderlin, William, Andini Desita Ekaputri, Erin O. Sills, Amy E. Duchelle, Demetrius Kweka, Rachael Diprose, Nike Doggart y otros. 2014. "*Insights from 23 Subnational Initiatives in Six Countries. de The Challenge of Establishing REDD+ on the Ground*". CIFOR (104).

Sunderlin, William, y Stibniati Atmadja. 2009. "*Is REDD+ and idea whose time has come, or gone?*". Realising REDD: national strategy and policy options. Bogor: CIFOR.

Sweeney, Gareth, Rebecca Dobson, Krina Despota, y Dieter Zinnbauer. 2011. "*Definir el desafío: Amenazas a la efectividad de la gobernabilidad climática*". En Informe Global de la Corrupción: Cambio climático, de Alyson Warhurst Maplecroft. Londres: Earthscan (62): 11-29.

Takaki, Francisco Takaki. 2010. "*Información Básica para la Construcción de la Tasa de Deforestación*". Dirección General de Geografía. Instituto Nacional de Estadística y Geografía. México.

Ulloa, Astrid. 2013. "*Controlando la naturaleza: ambientalismo transnacional y negociaciones locales en torno al cambio climático en territorios indígenas en Colombia*". Iberoamericana: 117-33.

Ulloa, Janette, y Rodrigo Sierra. 2019. "*Evaluación preliminar de los vacíos de gestión de la Deforestación en el Ecuador a Inicios de los 2020s*". PROAmazonía - PNUD 25.

Vásquez, Edwin. 2013. "*Pueblos Amazónicos expusieron visión propia sobre REDD+ en Foro Permanente*". SERVINDI. Comunicacion intercultural para el mundo más humano y diverso.

Vatn, Arild, y Pål Vedeld. 2011. "*Getting Ready!: A Study of National Governance Structures for REDD+*". Noragric Report 59.

Vegar, Bárd, Pablo Gutman, Charlie Parker, y Kristina Van Dexter. 2013. "*Guía de WWF para construir estrategias de REDD+. Recursos y herramientas para profesionales de REDD+ a nivel mundial*". Programa de Bosques y Clima de WWF.

Vijge, Marjanneke J, Maria Brockhaus, Monica Di Gregorio, y Efrian Muharrom. 2016. "*Framing national REDD+ benefits, monitoring, governance and finance: A comparative analysis of seven countries*". Global Environmental Change (39): 57-68.

Warmikuna, Samanta. 2016. "*Documento de Trabajo sobre la Nacion Sapara, su historia y un genocidio en ciernes*". Acción Ecológica.

Watson, Charlene, y Liane Schalatek. 2019. "*Reseña temática sobre el financiamiento para el clima: Financiamiento para REDD+. Información básica sobre financiamiento para el cambio climático*". Climate Funds Update (5): 1-5.

_____. 2021. "*Reseña regional sobre el financiamiento para el clima: América Latina*". Climate Funds Update. Heinrich Bull Stiftung-North America ODI.

Watson, Charlene, Liane Schalatek y Aurélien Evéquoz. 2022. "*Informe regional sobre financiamiento para el clima: América Latina*". Climate Funds Update (6): 1-7.

Wong, Grace Yee, Cecilia Luttrell, Lasse Loft, Anastasia Yang, Thuy Thu Pham, Daisuke Naito, Samuel Assembe-Mvondo, y Maria Brockhaus. 2019. "*Narratives in REDD+ benefit sharing: Examining evidence within and beyond the forest sector.*" Climate Policy 19, (8): 1038-1051.

Xu, Xibao, Guishan Yang, Yan Tan, Qianlai Zhuang, Xuguang Tang, Kaiyan Zhao, and Sirui Wang. 2017. "*Factors influencing industrial carbon emissions and strategies for carbon mitigation in the Yangtze River Delta of China*". Journal of cleaner production (142): 3607-16.

Zürn, Michael. 2018. "*A theory of global governance: authority, legitimacy, and contestation*". Oxford University Press.

Zúñiga, Nieves. 2022. *"Ecuador - Contexto y Gobernanza de la Tierra". Instituto* de Altos Estudios Nacionales – Land (15): 7-13.

Anexos

Anexo 1: Lista de entrevistados

1. **Arild Angelsen** – Investigador y Autor de obras REDD+
Profesor de Economía en la Norwegian University of Life Sciences (NMBU), Asociado principal de CIFOR, Coordinador mundial de la Red de Pobreza y Medio Ambiente (PEN), Investigado y autor de múltiples obras. Desde el año 2007 ha centrado sus investigaciones en la iniciativa REDD+: arquitectura global (en particular los niveles de referencia nacionales), estrategias y políticas nacionales, y diseño y evaluación de proyectos locales.

2. **Carolina Rosero** – Conservación Internacional
Gerente de Políticas Ambientales de Conservación Internacional

3. **Cristina García Soto** – WWF
Punto focal REDD+ en Subsecretaría de Cambio Climático del Ministerio del Ambiente
Actualmente: Oficial de Programa de Bosques y Agua en WWF

4. **David Romo Vallejo** – Universidad San Francisco de Quito
Director del Programa de Diversidad Etnica
Integrante de la Mesa de Trabajo REDD+ en la segunda y tercera fase

5. **David Yedra** – GAD Provincial de Pastaza
Director de Gestión Ambiental del GAD de Pastaza

6. **Duval Llaguno Ribadeneira** – Banco Interamericano de Desarrollo

Especialista en Recursos Naturales del Banco Interamericano de Desarrollo

7. **Francisco Moscoso Silva** - PROAmazonía

Especialista Técnico en Monitoreo y Seguimiento de Medidas y Acciones REDD+ Condujo la actualización de la Estrategia Financiera del PA REDD+

8. **Jaime Toro** – Naturaleza y Cultura Internacional

Coordinador del Mosaico Pastaza

9. Jessica Gallegos – Ministerio del Ambiente, Agua y Transición Ecológica

Especialista de Mitigación de Cambio Climático del MAATE

10. **Manuel Shiguango** – CONFENIAE / ONU REDD+

Técnico Territorial

11. **Patricia Serrano Roca** - PROAmazonía

Gerente de Programa PROAmazonía en PNUD

Anexo 2: Organizaciones de la Mesa de Trabajo

Sector 1	**Sociedad Civil**
Academia	1. Universidad Estatal Amazónica (UEA) 2. Universidad San Francisco de Quito (USFQ) 3. Pontificia Universidad Católica del Ecuador (PUCE) 4. Universidad Técnica Particular de Loja (UTPL)
ONG Nacionales	5. Comité Ecuatoriano de Defensa de la Naturaleza y Medio Ambiente 6. Conservación Internacional - CI 7. Grupo nacional de trabajo sobre certificación forestal voluntaria en Ecuador (CEFOVE) 8. Fundación Heifer 9. World Wild Fund - WWF 10. Fundación Altrópico 11. Fundación Ceiba 12. Red Internacional del Bambú y el Ratán - INBAR 13. Wildlife Conservation Society 14. Naturaleza y Cultura Internacional 15. Fundación Pachamama
Sector 2	**Sociedad Civil**
Organizaciones de mujeres y jóvenes	16. Asociación de Mujeres Waorani de la Amazonía Ecuatoriana (AMWAE) 17. CONFENIAE (Comisión de la mujer y salud, familia y nutrición) 18. Asociación de Productoras La Chakra 19. Red de Jóvenes Ambientalistas del Sur del Ecuador

	(Red JASE)
Organizaciones de mujeres y jóvenes	20 Confederación de Nacionalidades Indígenas de la Amazonía Ecuatoriana (CONFENIAE) 21. Nación Orginaria Quijos (NAOQUI) 22. Federación Provincial de la Nacionalidad Shuar de Zamora Chinchipe (FEPNASH-SCH) 23. Asociación de Centros Shuar de Santiago 24. Asociación de Mujeres Kichwa de Napo (AMUKINA) 25. Fundación Shiwuar Sin Fronteras (FCAE)
Organizaciones indígenas de la Sierra	26. Federación Interprovincial de Indígenas Saraguros (FIIS) 27. Federación de Centro Awá del Ecuador (FCAE)
Organizaciones montubias y campesinas	28. Federación de Organizaciones Montubias del Ecuador (FEDOMEC) 29. Unión Noroccidental de Organizaciones Campesinas y Poblaciones de Pichincha (UNOCYPP)
Comunidades locales	30. Red de Organizaciones Sociales y Comunitarias en la gestión del Agua del Ecuador - ROSCGAE 31. Red de Comunidades de Socio Bosque de Napo 32. Asociación de Bosques y Páramos para la Vida Imbabura 33. Comunidad Shuar Yumisim - PSB
Sector 3	**Sector Privado**
Gremios Nacionales	34. Asociación Ecuatoriana de Industriales de la Madera - AIMA
Asociaciones de pequeños	35. Consorcio Cacao y Chocolate de Napo 36. Asociación Charolais de Morona Santiago

productores	37. Asociación Agro Artesanal de Productores Ecológicos - APECAP 38. Federación de Pequeños Exportadores Agropecuarios Orgánicos del Sur de la Amazonía Ecuatoriana - APEOSAE 39. Asociación de Productores - ASOSUMACO 40. Unión de Productores Agropecuarios de Morona Santiago
Empresa Privada	41. Verde Canandé
Sector 4	**Grupos invitados**
Proyectos o programas que implementan acciones REDD+	42. Mancomunidad Bosque Seco 43. Consorcio Público Bosque Petrificado Puyango 44. Consorcio GS Agroforestal San Pablo del Lago 45. Corporación de Ferias de Loja

Printed by Books on Demand GmbH, Norderstedt / Germany